高等职业教育工程管理类专业 BIM 应用系列教材

BIM 建筑工程量计算

袁建新　系列教材总主编
袁建新　编著
夏一云　主审

中国建筑工业出版社

图书在版编目（CIP）数据

BIM 建筑工程量计算/袁建新编著. —北京：中国
建筑工业出版社，2020.8
高等职业教育工程管理类专业 BIM 应用系列教材/
袁建新总主编
ISBN 978-7-112-25284-8

Ⅰ.①B… Ⅱ.①袁… Ⅲ.①建筑造价-工程造
价-计算机辅助计算-应用软件-高等职业教育-教材
Ⅳ.①TU723.32

中国版本图书馆 CIP 数据核字（2020）第 115040 号

　　本教材作者具有 40 余年的工程造价教学及实践经验，扎实的专业功底与丰富的经验使得作者对于应用建筑信息模型（BIM）计算建筑工程量有着深刻和独到的见解。教材中通过常见建筑工程工程量数学计算模型及应用 BIM 模型计算工程量的理论讲解与实践操作介绍，使学生能够更好地了解和掌握工程量计算意义、方法，并进一步掌握利用建筑信息模型（BIM）计算建筑工程量。

　　本教材主要内容如下：概述、应用 BIM 技术计算工程量、计算机工作原理简介、BIM建筑工程量计算的前期工作、Auto CAD 平台计算工程量及应用 BIM 模型计算工程量。

　　为更好地支持本课程的教学，作者制作了大量数字化学习资源（详见本教材数字资源清单），读者可通过扫描教材中的二维码观看、学习。本教材的其他资源（课件、模型、习题答案等）可登录"建工书院"学习平台（http://jzjypt. cabplink. com）搜索、学习；如需课件也可发送邮件至 cabpkejian@126. com 免费索取。

责任编辑：张　晶　吴越恺
责任校对：张　颖

高等职业教育工程管理类专业 BIM 应用系列教材
BIM 建筑工程量计算
袁建新　系列教材总主编
袁建新　编著
夏一云　主审
＊
中国建筑工业出版社出版、发行（北京海淀三里河路 9 号）
各地新华书店、建筑书店经销
霸州市顺浩图文科技发展有限公司制版
北京圣夫亚美印刷有限公司印刷
＊
开本：787×1092 毫米　1/16　印张：8¾　字数：214 千字
2020 年 10 月第一版　　2020 年 10 月第一次印刷
定价：**28.00** 元（赠课件）
ISBN 978-7-112-25284-8
（36067）

序　言

相对于 BIM 技术在工程设计和指导施工应用方面的成熟程度来说，工程管理中的 BIM 技术应用正处在一个起步阶段，这是由工程管理的复杂性所决定的。

BIM 技术在工程管理上的应用，要求 BIM 工程管理软件必须在传统管理方法的基础上设计，因为 BIM 不是管理方法，而是有助于实现管理现代化的工具。

"建筑信息模型"是 BIM 基础性的核心技术。一般从设计到施工，BIM 技术的应用都是建立在"建筑信息模型"应用的基础上，工程管理也是一样。所以，我们要熟悉建模的方法，最好通过建一个简单的模型来熟悉和理解建筑信息模型的本质特征，这样才能真正掌握工程管理 BIM 应用软件的核心内容与使用方法。

BIM 技术应用的复杂性是由工程项目管理的复杂性决定的，所以必须掌握好传统工程管理方法与理论，才能真正掌握好 BIM 技术在工程管理中的应用方法。先学好、掌握好传统工程管理理论与方法，是学好 BIM 技术在工程管理中应用的前提条件。

在现阶段，要让学生掌握 BIM 技术在工程管理中应用的方法，就要通过学习建模方法和使用好工程管理类 BIM 应用软件的途径来实现。所以，我们策划、组织了全国高职院校中，在工程管理类专业教学、实践经验方面有丰富 BIM 技术应用经验的教授、高级工程师编写了这套"高等职业教育工程管理类专业 BIM 应用系列教材"，旨在帮助学生学习相关知识的同时，掌握"建筑信息模型（BIM）职业技能等级证书"考核的内容，取得"1＋X"职业技能等级证书，真正做到"课证融通"。

BIM 技术在工程管理的应用处于快速发展之中，"建筑信息模型（BIM）职业技能等级证书"考核的内容在不断完善之中，我们会及时跟进变化，完善教材内容，更好地为学生顺利取得"1＋X"证书、真正掌握实用技能服务。

高等职业教育工程管理类专业 BIM 应用系列教材编写委员会
2020 年 7 月

前　　言

　　应用建筑信息模型（BIM）计算建筑安装工程量是一次工程量计算质的飞跃。在 Revit 等平台上开发工程量计算软件，使工程量计算达到了一个现代化的极高水平。

　　应用 BIM 新技术计算工程量实现了快速、准确、数据共享的目标，将造价员从繁杂的手工工程量计算中解放出来，是工程量计算历史上的一次变革。

　　现阶段的建筑信息模型基本上是通过 AutoCAD 施工图采用 Revit、Tekla 建模软件等翻模过来的。目前，应用 BIM 技术计算工程量有两大途径：第一种是在 AutoCAD 平台上用 C＋＋等计算机语言开发工程量计算功能，将 CAD 图导入平台后，运用建模的思路，建立建筑模型，然后再计算工程量。第二种是在 Revit 等平台上用 C＋＋等计算机语言开发工程量计算功能，将建筑信息模型导入平台后，直接计算工程量。

　　目前，设计院较少用建筑信息模型交付施工图给业主，所以很多用户使用"三维算量 For CAD"软件计算工程量；如果将 CAD 施工图翻模为建筑信息模型，或者有设计院交付的建筑信息模型，就可以用"三维算量 For Revit"软件计算工程量。

　　运用 BIM 技术设计工程量计算软件，主要是将 CAD 施工图、Revit 建筑模型中与工程量计算有关的数据信息识别出来，然后再按照软件的程序计算工程量。

　　CAD 施工图中与工程量计算相关的数据信息较少，所以用 CAD 平台计算工程量时，用户要根据建立工程量计算模型的要求，在计算机上输入较多的工程数据与信息。

　　Revit 模型中有丰富的工程量计算信息，而且还可以不断增加新的数据和信息，使建筑信息模型的精度越来越高，达到计算工程量的要求。所以，在 Revit 等建筑信息模型平台上，造价员的工作量较少，只要不断确认相关数据和信息就可以让计算机快速算出工程量。

　　CAD 施工图是设计人员完成的，图中的全部点、线、面都是建筑师画的；Revit 模型中有丰富的数据和信息和"族"构成的构件，这些信息是设计师或者翻模员输入建立的。

　　所以，用建筑师绘制的 CAD 图以及建筑师建立的建筑信息模型来计算工程量，并没有减少人工输入数据与信息的工作量，只不过是利用了计算机较快复制 CAD 图和 Revit 模型的功能给大家共享，减少了每个人的重复劳动而已。

　　全部工程量计算软件的功能，都是根据造价工程师的工程量计算方法和经验总结，通过程序员编程实现的。不能设想学员能够通过使用工程量计算软件掌握工程量计算方法，认真学习和掌握手工计算工程量的方法仍是关键。

　　计算机是一个十足的"傻瓜"，不能辨认任何数据和信息，只能按照程序的指令要求频繁地搬运数据与信息，因为计算机是按照由"控制码＋地址码"的指令行事的。如果能了解计算机工作原理，那么就能对工程量计算软件的操作有本质的认识，较快掌握软件操作方法。

　　总之，利用 BIM 技术计算工程量的软件是人们智慧的结晶，只有掌握了工程量计算方法，了解软件的设计思路，了解计算机工作原理，才能使用好 BIM 工程量计算软件。希望读者通过教材中介绍的方法学习，从本质上理解和掌握 BIM 工程量计算软件的使用方法。

作者将从事 40 余年工程造价专业教学与实践工作，以及 20 世纪 80 年代就用计算机算法语言，设计施工图预算编制程序的经验融入本教材中，创新编写了建筑分项工程项目工程量计算数学模型构建、计算机工作原理阐述、工程量计算技能分析等，有益于读者提升学习效果和工程造价技能的内容。

本教材由四川建筑职业技术学院袁建新教授编著，四川建筑职业技术学院夏一云高级工程师设计了书中的两个 BIM 模型。由于本人水平有限，教材中有不当之处，敬请广大读者批评指正，万分感谢！

本教材在编写过程中得到了中国建筑出版传媒有限公司、深圳市斯维尔科技有限公司及鲁班软件公司的大力支持，在此一并表示感谢！

作 者
2020 年 4 月 德阳

《BIM 建筑工程量计算》数字资源清单

目　　录

1 概　　述

1.1　工程量的重要性

1.1.1　建筑工程量的作用

编制施工图预算确定预算工程造价和编制工程量清单报价确定工程量清单报价，都必须依据施工图计算工程量，这是由工程造价原理决定的。

工程量清单工程造价和施工图预算造价均由分部分项工程费、措施项目费、其他项目费、规费和税金五项构成。

计算工程造价的税金必须以前四项费用之和作为基础，乘以规定的税率计算。规费、其他项目费、措施项目费一般以定额人工费或者定额直接费作为基础计算。因此，工程量是编制施工图预算以及工程量清单报价的重要基础。不计算工程量就计算不出工程造价的各项费用。

工程量以及用工程量乘以定额人工、材料、机械台班消耗量等算出的工程人工消耗量、工程材料消耗量、工程机械台班消耗量，是施工企业编制施工进度计划、材料供应与采购计划、机械设备需求量计划、工程成本控制等的重要依据。

说在学习前的话

可以这样讲，没有工程量，就不能进行合理的施工管理，就不能管理和控制好成本，就不能计算工程造价。准确和快速计算工程量是目前行业内的重点研究对象。

工程量计算的准确程度与诸多因素有关。图纸看不懂，计算不出准确工程量；定额不熟悉，不能正确列出分项工程项目，会导致工程量项目缺项；工程量计算规则不理解，就无法计算出准确的工程量；施工工艺不熟悉，就会漏掉应该计算的工程量。总之，计算工程量是造价人员综合能力的体现。

1.1.2　定额工程量与清单工程量在编制造价中的作用

工程量有何作用

1. 定额工程量

在编制施工图预算时，必须计算定额工程量，然后才能计算定额直接费，然后才能计算出除税金以外的措施项目费、其他项目费、规费等各项费用。这一操作过程是由施工图预算编制程序所决定的（图1-1）。因此，没有工程量就不能计算出施工图预算造价或者工程量清单报价。

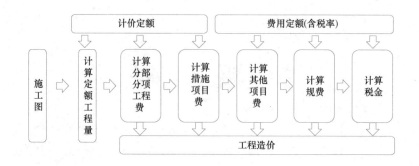

图1-1　施工图预算造价计算程序示意图

定额工程量主要是根据施工图、预算定额、工程量计算规则计算出来的。定额工程量乘以预算定额项目基价，就得到定额直接费；定额工程量乘以预算定额项目的人工费单价，就得到该项目的人工费；定额工程量分别乘以定额项目的材料消耗量，就得到这个项目的各种材料消耗量。定额直接费或者定额人工费是计算措施项目费、其他项目费以及规费的依据。

为什么要计算
定额工程量

2. 清单工程量

在编制工程量清单报价时，首先就要计算清单工程量。由图1-2可知，没有清单工程量就无法计算后续的各项费用。

计算清单工程量是工程量清单计价规范和工程量计算规范规定的。

定额工程量项目与清单工程量项目不是每一项都可以一一对应，有一些清单工程量项目可能由2个及2个以上的定额工程量项目组合以后，才能正确计算该清单工程量项目的分部分项工程费。为了解决这个问题，就需要编制综合单价表来确定该清单项目的分部分项工程单价。

另外，清单工程量与定额工程量的区别是：清单工程量项目根据工程量计算规范所定的项目来列项；定额工程量项目是根据计价定额项目来列项。一般多数情况下，工程量计算规范项目的内容与定额工程量项目的内容是一致的，也有少数项目的内容是不一致的，所以在这种情况下，通过编制综合单价，为一个清单工程量项目，按照规定去综合几个计价定额项目的分部分项工程费，并计算出该清单项目的工程单价，即综合单价。

所以，编制清单工程量报价时，由于编制综合单价的需要，也要计算定额工程量，满足几个定额项目综合为一个清单工程量项目综合单价的要求。

如何计算综合单价

综上，可以得出结论：工程量计算是确定工程造价的关键的工作。

1.1.3　工程量计算技能的必要性

建筑工程量计算是高职工程造价专业毕业生应具备的核心技能，也是建设工程管理、

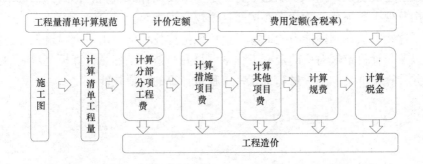

图 1-2　建筑工程量清单报价计算程序示意图

建筑经济管理专业毕业生应具备的基本能力。工程量计算作为工程造价专业学生核心技能主要表现在以下几个方面：

工程造价专业开设的专业技术课程是为掌握工程量计算方法和计算技能服务的。例如，开设"建筑识图与构造"课程，学生能够识别施工图，按照三视图的投影原理，看懂施工平面图、立面图、剖面图和详图，并将二维图在脑海里组合为三维图像的建筑物；通过学习构造知识，能够知道房屋建筑物由哪些构造组成，使学员能够准确地按照房屋构造列出与计价定额项目名称对应的分项工程量项目名称，能够深入理解工程量计算规则，掌握如何计算或扣减建筑物各构造的部位的工程量等方法。

开设"建筑与装饰材料"课程，学生能够识别各种构成建筑物的建筑材料，了解这些材料的特性，例如熟悉砂浆、混凝土由哪几种材料配合而成及配制方法。为深入掌握施工图对建筑物材料构成的表达方式，为掌握计价定额所含建筑材料的作用和数量，打好坚实的基础。

开设"建筑施工工艺"课程，学生全面学习和了解如何通过施工工艺，将建筑材料与建筑构件组合建造为可以发挥为居住、商业、公共活动场所服务的建筑物；可以充分认识计价定额每一个项目中，人工、材料、机械台班消耗量按照施工工艺构成的原因；可以发现施工图说明中没有表达的内容且又必须施工的项目，避免工程量项目漏项。例如，现浇基础梁一般没有说明底模是否要计算模板工程量，了解施工工艺后就能知道采用砖胎模模板等技术措施比较合理，应该计算施工中客观存在的工程量项目。

开设"工程造价概论"或者"工程造价原理"课程，使学生了解为什么要将建筑工程划分到分项工程项目，才能够给建筑物定价。该课程中解读了，由于建筑工程的实物形态千差万别，不能统一定价，只有将建筑物分解到每个工程都有的基本元素——分项工程项目后，才能统一建筑产品的价格水平。另外，根据分项工程项目定义为"假定建筑产品"的理论，编制出了以分项工程项目为对象的建筑工程计价定额。

综上所述，工程量计算的基本功，综合反映出了看懂施工图、熟悉建造房屋的施工工艺、熟悉建造材料的特性和使用方法、掌握如何划分分项工程项目的方法、列出完整的项目和正确使用计价定额的能力。

能看懂施工图，并能发现施工图中构件尺寸标注等问题，能看到施工图预算的全部项目，说明识图能力强、认识建筑构造的能力强；能看懂建筑物使用什么建筑材料，这些材料有哪些性能、哪些规格，计价定额中的材料有什么用，为什么是这些数量等；能熟悉施工工艺，了解建筑物是如何一步步建造的，施工中要用什么材料、什么施工机械；根据什么规定列出分项工程项目，为什么要按照这个规定列项等。

　　掌握了这些方法和判断能力的训练，就可以把握住如何找出一个建筑工程完整的工程量项目，以及与计价定额对应的定额工程量项目与清单工程量计算规范对应的清单工程量项目，并计算出准确的工程量，这就是工程量计算的主要技能。

1.2　BIM工程量计算概述

1.2.1　BIM工程量计算的概念

　　相对于手工计算工程量，采用BIM工具软件计算工程量的方法，称为BIM工程量计算。较完整的BIM工程量计算是指应用建筑信息模型计算工程量。

1.2.2　BIM工程量计算软件

什么是"BIM"

　　"BIM"软件是指能够建模并应用建筑信息模型完成建设领域（包括建设项目全过程咨询）各项工作任务的各种工具软件统称。

　　BIM工程量计算软件常见的名称如某"三维算量"软件、"BIM算量"软件等。由于BIM技术的快速发展，建立在建筑信息模型基础上的实现工程量计算的软件，将大量涌现。

　　计算机软件是人们将总结出的有规律的工作方法，用计算机语言编写为软件后交给计算机自动完成工作任务的工作程序。造价人员不能设想通过使用软件来掌握工程量计算方法。所以，这些软件是应用计算机平台快速计算工程量的工具。

1.3　工程量计算工具沿革

1.3.1　20世纪70年代中期以前

　　20世纪70年代中期以前计算工程量的工具包括算盘、手摇计算机、计算尺等（图1-3～图1-5）。

图1-3　算盘

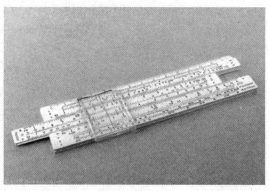

图1-4　计算尺

图 1-5　手摇计算机

1.3.2　20 世纪 70 年代中期至 80 年代初期

该时期计算工程量的工具除了上述工具外，还出现了电子计算器（图 1-6、图 1-7）。

图 1-6　普通计算器

图 1-7　函数计算器

1.3.3　大型电子计算机

20 世纪 40 年代，每秒运行 5000 次的大型电子计算机研制成功（图 1-8）。目前，我国研制的"神威"巨型计算机每秒运行 3840 亿次（图 1-9）。

图 1-8　1946 年第一台计算机

图 1-9　"神威"大型计算机

1.3.4　微型电子计算机

近年来，各种各样的微型电子计算机在民用和商用领域逐渐普及（图 1-10、

图 1-11)。

图 1-10　笔记本计算机

图 1-11　台式计算机

1.4　计算机计算工程量的历史沿革

1.4.1　运用电子计算机计算工程量的初级阶段

20 世纪 80 年代初期，造价人员就开始用电子计算机计算工程量。例如，在国产 TQ-16 大型电子计算机上通过 ALGOL60 算法语言或者 FORTRAN 算法语言编写程序计算工程量。又如，在 APPLE Ⅱ 计算机上用 BASIC 算法语言编写程序计算工程量。

1.4.2　工程量计算商品化软件初级阶段

20 世纪 80 年代后期就出现了可以将工程量计算式输入计算机，由计算机直接计算工程量并自动汇总的工程量计算商品化软件。

1.4.3　工程量计算商品化软件成熟阶段

进入 21 世纪，各建设软件服务商开发了利用 CAD 施工图信息来计算工程量的辅助计算机工程量计算软件。

在 CAD 平台采用 C 语言等计算机语言，编制出了可以用 CAD 图纸建立模型计算工程量的方法。

该类软件的核心技术主要有三个方面：①通过编写程序读取 CAD 图中与工程量计算有关的尺寸数据，然后一一对应输送到工程量计算公式中计算工程量；②解决计算机不能在 CAD 图中自动识别的建筑物尺寸数据，例如开间、进深、层高等尺寸的缺陷，设计出人工绘制施工图的辅助程序；③根据建筑物的有关尺寸，编制出建立建筑物立体三维模型的计算机程序，使工程量计算能够"所见所得"，运用虚拟手段直观地看到三维建筑构件以及建筑物。

1.4.4　应用 BIM 技术计算工程量阶段

近年来，我国大力推广应用建筑信息模型（BIM）来计算工程量。

目前，应用 BIM 技术计算工程量的核心内容就是应用建筑信息模型计算工程量。国产 BIM 工程量计算软件已经在编制工程量清单、工程量清单报价等工作中得到广泛应用。

　　目前，计算工程量采用的建筑模型有两类：一类是用国际上主流建模软件建的模型，例如 Revit、Tekla 等建的模型；另一类是各软件公司自己开发的基于 CAD（或者自建平台）的建模软件，例如"三维算量 For CAD""鲁班算量""广联达算量"等算量软件。

工程量计算软件

　　目前，国际上的标准化交换制度也以 IFC 为主要交换格式。如果各软件开发商自己开发的建模软件，其建筑模型为 IFC 格式，那么可以在各软件之间交换使用。

复习思考题

1. 建筑工程量有何作用？
2. 施工图预算造价包括哪几项费用？
3. 工程量清单造价包括哪几项费用？
4. 税金计算基础包括哪些费用？
5. 工程量的重点研究对象是什么？
6. 工程量计算不准确与哪些因素有关？
7. 为什么要计算定额工程量？
8. 什么时候需要计算清单工程量？
9. 阐述定额工程量在编制工程造价中的作用。
10. 阐述清单工程量在编制工程造价中的作用。
11. 阐述施工图预算造价计算程序。
12. 阐述建筑工程量清单报价计算程序。
13. 工程量计算作为工程造价专业核心技能主要表现在哪几个方面？
14. 掌握好工程量计算方法需要先修哪些课程？
15. 阐述 BIM 工程量计算的概念。
16. BIM 工程量计算软件有哪些？
17. 编写程序的计算机语言有哪几种？

2 应用BIM技术计算工程量

2.1 认识建筑信息模型

2.1.1 建筑信息模型基本知识

建筑信息模型（BIM）是应用 3D 数字技术，将建筑物中各个构件按照一定规则整合起来，并可以对其几何尺寸、材料名称、成本数据等信息进行描述的三维模型。

由于建筑信息模型能够在建筑工程全生命周期管理上应用，故建筑信息模型的组成包含数据模型及行为模型两个方面的模型。

数据模型即与建筑物有关的几何图形及数据相关信息数据，例如混凝土独立基础的几何尺寸与标高尺寸、混凝土楼梯的几何尺寸与踏步数据等；行为模型即包含管理方面相关的信息，例如独立基础的混凝土强度等级、装配式预制楼梯段等。将两种模型的信息关联后，就能够模拟现实的建筑工程。

2.1.2 建筑信息模型的特点

1. 快速更新与广泛共享

目前，常用的建模工具有 Revit 软件等。建模软件将建筑设计信息以数字形式保存在计算机数据库中，可以快速更新和广泛共享。

2. 关联性

在建模时，设计数据之间已经创建了实时的、一致性的关联性。如果对数据库中的任何数据作更改，都可以马上更改整体模型中关联的数据。这一特性可以提高项目管理的工作效率并保证建筑信息模型的工作质量。

3. 参数化

BIM 建模工具不再提供低水平的几何绘图工具。操作的对象不再是点、线、圆等这些简单的几何对象，而是墙体、门、窗、梁、柱等建筑构件。

在屏幕上建立和修改的不再是一些没有建立起关联关系的点和线，而是由一个个建筑构件组成的建筑物整体。整个设计过程就是全面采用参数化设计方式，不断确定和修改各种建筑构件参数的过程。这就是 Auto CAD 施工图与 Revit 建筑信息模型的本质区别。

4. 任意生成施工图

BIM软件立足于数据关联的技术上进行三维建模，模型建立后，可以任意生成各种平、立、剖面的二维图纸。不需要画了一次平面图后，再分别去画立面图、剖面图，避免了不同视图之间不一致的现象。

而且在任何视图上对设计的任何更改，都马上可以在其他视图上关联的地方反映出来，这种关联互动是实时的。

5. 具有管理特性

由于建筑信息模型包含了所代表的建筑物的详尽信息，因此，要生成各种门窗表、材料表以及各种综合表格都是十分容易的事。这就为建筑信息模型的进一步应用创造了条件。例如，应用这些表格进行概预算、编制建筑材料供应商所需的采购清单等。

2.2 应用建筑信息模型计算工程量的主要优势

1. 工程量计算内容所见所得

在工程量计算过程中，通过三维建筑模型的展示，使造价人员直观感受到工程量计算过程，计算内容所见所得。

2. 提高工程量计算的准确性

工程量计算软件是软件工程师根据造价工程师总结和提炼的计算工程量方法，用计算机语言写成的。造价工程师具有的能力与水平，能想到工程量计算应该达到有什么准确程度，软件工程师就可以设计出相当精度的工程量计算软件。

3. 极大地发挥了工程造价专家的作用

计算机可以将顶尖的工程量计算专家的经验和方法写到程序中，使千百万造价人员共享众多专家的工程量计算成果。

4. 工程成本控制的工具

当选择设计方案时，可以用不同方案的建筑模型计算出工程量，进而再算出工程造价进行比较；当工程发生变更时，通过修改后的建筑模型可以快速计算出变更后的工程成本。因此，建筑信息模型是工程成本控制的高效工具和有力手段。

5. 数据积累

将应用建筑模型计算出来的清单工程量、变更工程量、竣工工程量等数据积累到工程造价大数据库中，为实现工程快速估价提供数据信息支持。

复习思考题

1. 什么是建筑信息模型？
2. 建筑信息模型有哪些特点？
3. 应用建筑信息模型计算工程量的主要优势有哪些？

3　计算机工作原理简介

3.1　计算机工作原理概述

为了帮助读者更好地理解工程量计算软件的思路，需要大概了解一下计算机的工作原理。

计算机数据处理主要步骤

3.1.1　计算机数据处理主要步骤

通过计算机硬件组成以及他们之间的相互关系示意图能够看到，计算机数据处理的过程可以简略地描述为三大步骤：

第一步，计算机将应用程序通过输入设备（键盘、鼠标、硬盘等）输入到计算机内存储器；

第二步，各种数据通过输入设备（键盘、鼠标、硬盘等）输入到计算机内存储器；

第三步，中央处理器（CPU）的控制器根据计算机程序中的一条条指令将内存储器（内存条）中的数据取到运算器中按照计算机程序指令要求进行数据处理，然后再将计算结果放到内存储器（或者外存储器）内；

第四步，控制器根据计算机指令将内存储器（或者外存储器）中计算结果存放到外存储器（硬盘）或者通过输出设备（显示器、打印机）输出。

上述计算机处理数据工作步骤示意图，见图3-1。

3.1.2　计算机自动计算工程量的基础

计算机自动计算工程量需要根据计算机语言编制出计算机能够识别的计算机程序，通常也称为计算机软件。另外，还需要运行这个工程量计算软件的计算机，即硬件。计算机具有智能功能，但必须硬件与软件共同工作，才能完成人们交给它的工程量计算任务。

1. 计算机硬件

计算机硬件是指目前我们使用的微型计算机，包括笔记本计算机和台式计算机。计算机的操作系统是运行应用软件的平台，不需要我们考虑，由专门的软件开发商开发。

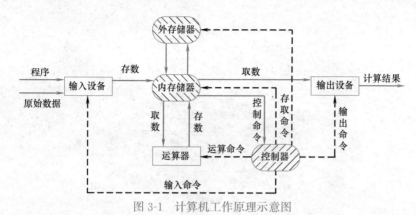

图 3-1　计算机工作原理示意图

注：实线——是数据和程序传送路径线；虚线———→是 CPU 的控制器发出的控制指令路径线。

2. 计算机软件

要想让计算机完成各种任务，就要事先应用计算机语言编写应用软件。计算机执行任务时应用计算机语言编写程序，用编译程序自动转换为计算机能自动执行的机器语言程序，然后实现软件的各项功能，完成预定的各项工作任务。

3.2　计算机硬件的组成

3.2.1　计算机硬件组成示框图

电子计算机主要由中央处理器（CPU）、内存储器（RAM）、外存储器（硬盘等）、输入设备（键盘等）、输出设备（显示器等）组成，示意框图见图 3-2。

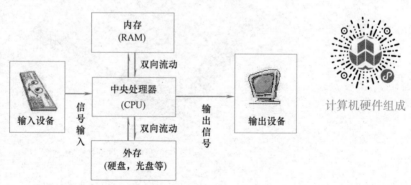

图 3-2　计算机硬件组成示意框图

3.2.2　计算机硬件实物组成示意图

台式计算机硬件组成与硬件连接见图 3-3。

3.2.3　计算机硬件的主要功能

1. 中央处理器

中央处理器（CPU）是计算机的中枢神经大脑和数据处理中心，扮演指挥计算机工

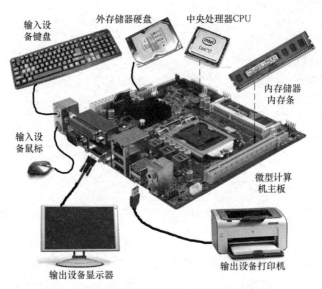

图 3-3　计算机硬件组成与硬件连接示意图

作和处理数据的重要角色。

中央处理器主要由运算器和控制器两部分构成，运算器服从控制器发出的各条指令，完成对数据进行处理的各项工作任务。中央处理器物理实物见图 3-4。

图 3-4　计算机中央处理器（CPU）示意图

2. 内存储器

计算机内存储器（RAM）是计算机工作时处理数据的物理载体。RAM 的最大特点是，计算机工作时可以存取数据，计算机关机后，里面的全部数据会瞬间丢失。所以，计算机关机前需要保留里面全面数据。内存储器物理实物也称作为内存条，见图 3-5、图 3-6。

3. 外存储器

外存储器是存放全部数据与信息的载体，包括硬盘、U 盘等。计算机可以到外存储器提取数据与信息，也可以将计算机中的数据与信息存放在外存储器中。只要外存储器的物理介质没有损坏，就可以永久保留里面的数据与信息。外存储器的实物见图 3-7、图 3-8。

图 3-5 台式计算机内存条示意图 　　　图 3-6 笔记本电脑内存条示意图

图 3-7 硬盘示意图 　　　　　　　　图 3-8 U 盘条示意图

4. 输入设备

　　输入设备将各种信息资料传给计算机，然后计算机才能发挥作用进行数据处理。输入设备包括键盘、扫描仪、摄像头、录音器等。输入设备实物见图 3-9～图 3-12。

图 3-9 键盘示意图 　　　　　　　　图 3-10 扫描仪示意图

5. 输出设备

　　计算机输出设备包括显示器、打印机等。输出设备实物见图 3-13、图 3-14。

图 3-11　摄像头示意图

图 3-12　录音器示意图

图 3-13　显示器示意图

图 3-14　打印机示意图

3.3　计算机硬件的物理特性

3.3.1　半导体的特性

以前计算机内存储器、CPU 等是采用半导体二极管构成的（现在采用集成电路，但本质是相同的）。半导体二极管有一个显著的特性，就是正向导电通，反向导电不通。半导体二极管的这种特性可以描述为正向导电为"开"，反向导电为"关"，所以由半导体二极管构成的电路称为"开关电路"。

3.3.2　二进制与开关电路

人们利用开关电路的这个特性，规定当出现"开"状态时规定为"1"，当出现"闭"状态时规定为"0"，而"1"和"0"就可以构成二进制数。当二进制为数值时计算机运算器就可以实现各种数据运算；当"1"和"0"定义为操作码时，计算机就可以操作各种运算；当"1"和"0"定义为符号时，就可以定义为计算机语言。

计算机与二进制数

3.3.3　二进制简介

二进制是计算技术中广泛采用的一种数制。二进制数据是用 0 和 1 两个数码来表示的数。

二进制的基数为 2，进位规则是"逢二进一"，借位规则是"借一当二"。例如：10010 就是一个二进制数。二进制由 18 世纪德国数理哲学大师莱布尼兹发现，当前的计算机系统基本上使用的是二进制数。

3.3.4 二进制转换十进制

二进制数要与其他进制的数进行对比，才能知道其数值的大小。我们常用的是十进制数，下面通过介绍十进制数与二进制数的转换来了解二进制数的大小。

1. 十进制

十进制数是以 0、1、2、3、4、5、6、7、8、9 十个数码来表示，它的基数为 10，进位规则是"逢十进一"，可以出现 0 到 9 十个数符，从最右边位开始，位权分别是 10 的 0 次方到 10 的 n 次方，见图 3-15。

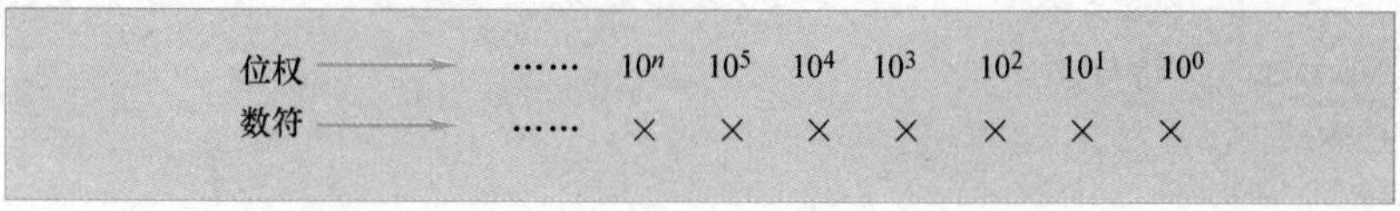

图 3-15 十进制位权示意图

例如，按照十进制规则，这组 $\begin{matrix} 10^3 & 10^2 & 10^1 & 10^0 \\ 2 & 1 & 5 & 3 \end{matrix}$ 数的值为：

$$2 \times 10^3 + 1 \times 10^2 + 5 \times 10^1 + 3 \times 10^0$$
$$= 2000 + 100 + 50 + 3$$
$$= 2153 （十）$$

2. 二进制

二进制的基数为 2 且"逢二进一"只能出现 0 和 1 二个数符，从最右边位开始，位权分别是 2 的 0 次方到 2 的 n 次方，见图 3-16。

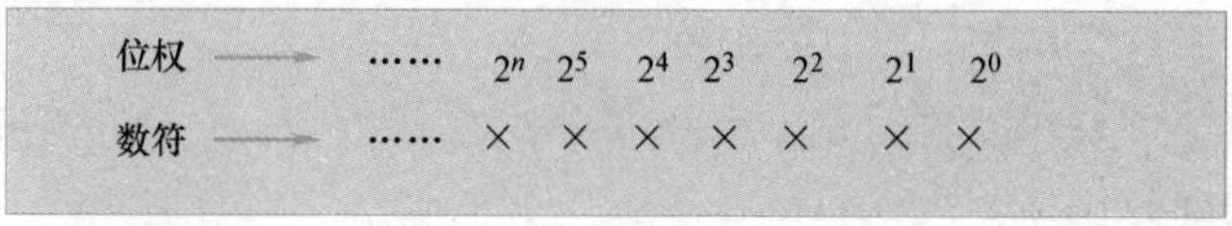

图 3-16 二进制位权示意图

二进制转换为十进制就是按照二进制位权规则进行的，例如将二进制数 10011 转换为十进制数就等于：

$$10011（二）= 1 \times 16 + 0 \times 8 + 0 \times 4 + 1 \times 2 + 1 \times 1$$
$$= 16 + 0 + 0 + 2 + 1$$
$$= 19 （十）$$

又如：1（二）=1（十）
　　　10（二）=2（十）
　　　11（二）=3（十）
　　　100（二）=4（十）
　　　1000（二）=8（十）

1111（二）＝15（十）

以上实例告诉我们，计算机采用的二进制，是可以与我们习惯使用的十进制相互转换的，此处不再过多讲解计算机采用的二进制。

3.3.5 计算机软件

1. 计算机语言与程序

用计算机语言编写的程序叫软件。

常用的计算机语言有：Java、C++、（Visual）Basic、Delphi、Pascal、Fortran等。例如，用 BASIC 语言编写的平整场地工程量计算机程序如下：

【例 3-1】 某建筑物底面积为矩形，长 30m，宽 15m，根据平整场地面积计算公式 $S=A×B+(A+B)×4+16$，计算该建筑物平整场地工程量。

解此题的 BASIC 程序是：

10 LET A＝30

20 LET B＝15

30 LET S＝A ∗ B＋(A＋B) ∗ 4＋16

      40 PRINT S

      50 END

建立计算
机定额库

上述计算机语言编写的程序不能被计算机认识，还要通过一个中间的编译程序将计算机语言翻译成由"0"和"1"构成的机器语言，才能被计算执行，才能完成计算机程序设定的各项工作。为什么计算机只认识由"0"和"1"构成的机器语言呢？这是由计算机硬件所决定的。

2. 计算机二进制代码指令

由于计算机采用了半导体开关元件，所以可以采用二进制编写程序和进行数值运算。

当0和1可以作为符号来使用时，就可以用来编制计算机程序。也就是说计算机软件是由非常多的0和1这样的机器代码构成的。

从本质上来说，计算机软件是由一条条指令汇总构成的。一条简单的指令由二进制的操作码和地址码两部分构成。

例如：

操作码	地址码
10011	11001

可以用二进制定义以下操作码：

操作码	含义
10001	输入
10010	取数
10011	取数加

操作码	含义
10100	取数减
10101	取数乘
10110	取数除
10111	保存结果
11000	输出结果

3. 内存储器示意

计算机存储器就像一个超级宾馆,里面有许许多多带有房间号(左上角的二进制数)的房间。整个宾馆的房间好比内存储器,每个房间可以比喻之为一个存储单元,房间号称之为地址码,见图 3-17。

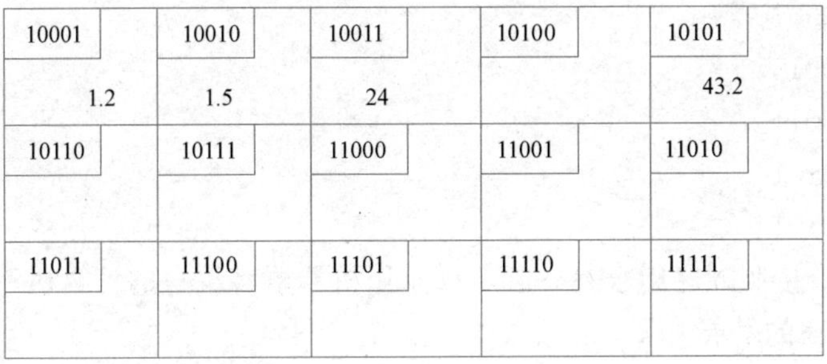

10001	10010	10011	10100	10101
1.2	1.5	24		43.2
10110	10111	11000	11001	11010
11011	11100	11101	11110	11111

图 3-17 有地址的内存储器示意图

4. 编程举例

用二进制代码指令编制一个计算挖地槽土方工程量的程序,条件为:某地槽长 24m,深 1.2m,上口宽 1.5m,槽底宽 1.5m,计算该地槽人工挖土方工程量。

编制挖地槽土方程序的步骤:

第一步,列出计算公式,$V = 1.2 \times 1.5 \times 24$;

第二步,将 1.2 存到地址为 10001 的内存单元(图 3-17);

第三步,将 1.5 存到地址为 10010 的内存单元(图 3-17);

第四步,将 24 存到地址为 10011 的内存单元(图 3-17);

第五步,将 10001 单元数取到运算器内(图 3-17);

第六步,将 10010 单元数取到运算器内做乘法(图 3-17);

第七步,将 10011 单元数取到运算器内做乘法(图 3-17);

第八步,将运算器内计算结果保存到 10101 单元(图 3-17);

第九步,将 10101 单元数据输出。

上述程序可以用二进制代码编写,见表 3-1。

计算挖地槽土方的二进制代码　　　　　　　　表 3-1

编号	操作码＋地址码	含义
01	10001＋10001	将 1.2 存放到 10001 单元
02	10001＋10010	将 1.5 存放到 10010 单元
03	10001＋10011	将 24 存放到 10011 单元
04	10010＋10001	将 1.2 取到运算器
05	10101＋10010	将 1.5 取到运算器做乘法运算
06	10011＋10011	将 24 取到运算器做加法运算
07	10111＋10101	将计算结果保存到 10101 单元
08	11000＋10101	将 10101 单元数据输出

【例 3-2】 上述计算题的计算机二进制代码程序可以写为：

01：1000110001

02：1000110010

03：1000110011

04：1001010001

05：1010110010

06：1001110011

07：1011110101

08：1100010101

上述 8 条指令按照顺序组合在一起，就是用机器语言编写的计算机程序。

5. 计算机语言的发展

（1）机器语言

最初的计算机所使用的是由"0"和"1"组成的二进制数，二进制是计算机的语言的基础。发明之初，计算机只能被少部分人使用，人们需要用 0、1 组成的指令序列交由计算机执行，对于机器语言的使用与普及都是很令人头疼的问题。用二进制编写的程序几乎不能对程序进行移植，从而使时间成本和人力成本十分昂贵。

（2）汇编语言

汇编语言是在机器语言的基础上诞生的一门语言，用一些简单的英文字母、符号串来替代一个特定指令的二进制串，这就提高了人们对语言的记忆和识别能力，对于程序的开发与维护起到了积极作用。汇编语言同样也是直接对硬件进行操作，这也依然局限了它的移植性。

（3）高级计算机语言

在与计算机的不断交流中，人们对计算机程序的移植性需求不断提高，此时急需要一种不依赖于特定型号的计算机的语言，用这种语言编写的程序能在电脑各种平台都正常运行。

从最初的语言诞生至今，已经相继出现了几百种计算机语言。高级语言的发展也从最初的结构化语言发展成为面向过程语言和面向对象语言。

面向过程语言设计的代表有：Basic，Fortran，Cobol，Pascal，Ada 等一系列语言，而面向对象语言设计的代表则为：Java，C++，C#等，见图 3-18。

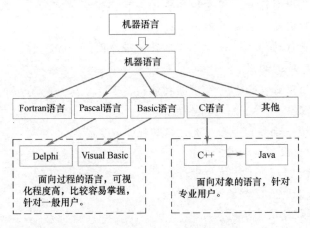

图 3-18　计算机语言示意图

6. 计算机编译系统

计算机能识别由 0 和 1 构成的机器语言。后来，人们为了解决程序的可移植性和编程的直观性、易学性，又研究了 Basic，Fortran，Cobol，Pascal 等高级语言，使得程序代码更贴近自然语言。高级语言是不能被计算机识别的，要通过翻译程序将高级语言编写的源程序转换为由二进制代码的目标程序，产生了使计算机"读懂"高级语言的程序的编译程序。

例如，计算挖地槽土方工程量的机器代码程序如下：

01：1000110001
02：1000110010
03：1000110011
04：1001010001
05：1010110010
06：1001010011
07：1011110101
08：1100010101

上述机器语言可以用 BASIC 语言写为：

```
10   INPUT A，B，C
20   LET   V=A * B * C
30   PRINT V
40   END
```

用 Basic 语言编写的程序再用 BASIC 编译程序翻译为二进制机器指令，被计算机识别和执行。

复习思考题

1. 什么是建筑信息模型？

2. 建筑信息模型有哪些特点?

3. 应用建筑信息模型计算工程量的主要优势有哪些?

4. 阐述计算机数据处理主要步骤。

5. 阐述计算机能自动计算工程量的基础条件与原因。

6. 阐述计算机硬件的组成。

7. 计算机中央处理器（CPU）有哪些功能?

8. 计算机内存储器（RAM）有哪些特点?

9. 阐述计算机外存储器有哪些? 有什么功能?

10. 计算机的输出设备有哪些?

11. 将二进制数 10111001 转换为十进制数。

12. 将五进制数 1042031 转换为十进制数。

13. 常用的计算机语言有哪些?

14. 计算机语言的发展分为几个阶段?

4 BIM建筑工程量计算的前期工作

4.1 计算工程量的要素

计算定额工程量的三大要素是施工图、预算定额、定额工程量计算规则。

计算清单工程量的三大要素是施工图、预算定额、清单工程量计算规范。

工程量计算
要素（一）
——施工图

根据施工图确定工程量的基本尺寸，根据这些尺寸计算工程实物数量，所以施工图是最重要的要素。

根据预算定额或工程量计算规范确定分项工程项目名称和项目的计量单位。根据工程量计算规则确定和选择工程量计算方法。

工程量计算的三大要素也是应用BIM技术计算工程量的三大要素。

工程量计算
要素（二）
——预算定额

4.2 建筑工程量计算类型

建筑工程量计算类型与使用的定额以及工程量计算规则有关。一般分为以下几种：

1. 概算工程量

计算概算工程量的三大要素是施工图、概算定额、概算工程量计算规则。概算定额项目由若干预算定额分项工程项目组成，所以也称概算定额项目为扩大的预算定额项目。由于概算定额包含了若干个预算定额项目，所以工程量计算规则也发生了变化。例如，概算定额的外墙定额项目，包含了墙砌体、内墙装饰和外墙装饰等预算定额的项目，所以概算定额外墙工程量计量单位是 m^2。

工程量计算
要素（三）
——工程量
计算规则

2. 定额工程量

编制施工图预算需要计算定额工程量。编制工程量清单报价也需要计算定额工程量。其原因是工程量清单报价计算依据的"综合单价"，是根据预算定额项目或者计价定额项目计算的，所以需要套用预算定额基价，因此需要计算定额工程量。

3. 清单工程量

清单工程量的计算依据是：①施工图；②工程量计算规范中的工程量计算规则。工程量清单项目是依据工程量计算规范列出的，其项目名称以及项目内容范围与预算定额有所不同，所以清单项目的工程量计算规则是不同的。

每个编制工程量清单报价的项目必须计算清单工程量，该项目在计算报价时还需要计算定额工程量。所以，定额工程量计算和清单工程量计算是工程造价专业学生的基本功，是核心能力之一。

4.3 如何确定分项工程项目

建设工程
项目划分

划分和确定施工图预算或者招标工程量清单的分项工程项目是造价从业人员的基本功。看懂施工图、熟悉计价定额与工程量计算规范是正确确定分项工程项目的基本前提。

建筑工程量的计算对象是分项工程，要搞清楚什么是分项工程就要学习建设项目划分的知识与方法。

笼统地说，预算定额（消耗量定额或者计价定额）以及工程量计算规范中定额编号或清单编码的项目，可以分别对应一个分项工程项目。

确定建筑工程量分项工程项目的方法是：施工图中能够找到的项目与预算定额（或工程量计算规范）中最为对应的项目且内容基本一致时，就可以确定为是本工程的一个分项工程项目。

4.4 建筑工程量计算程序

建筑工程量计算程序是编制 BIM 建筑工程量计算软件的重要依据。

建筑工程量计算程序按照类型一般分为定额工程量计算程序和清单工程量计算程序两种类型。

1. 建筑工程量计算的主要步骤

根据施工图和定额（工程量计算规范）项目确定本工程的全部分项工程项目；根据定额（工程量计算规范）项目确定分项工程项目的计量单位；根据施工图、已经确定的分项工程项目及计量单位和工程量计算规则计算工程量。

将计算完成的工程量汇总成按定额或工程量计算规范规定的分部工程后整理成单位工程工程量汇总表。

4.4.1 定额工程量计算程序

计算定额工程量程序的示意图，见图 4-1。

4.4.2 清单工程量计算程序

计算清单工程量程序的示意图，见图 4-2。

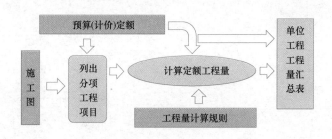

图 4-1　定额工程量计算程序示意图

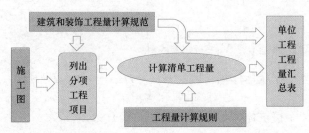

图 4-2　清单工程量计算程序示意图

4.5　构建工程量计算数学模型与计算顺序

4.5.1　构建工程量计算数学模型的重要性

编写应用程序应具有很强的逻辑性。如果有了应用对象的数学模型，就可以较方便地用计算机语言编写程序来解决对象问题。所以，在程序设计前重要的工作是构建解决对象问题的数学模型。

4.5.2　构建计算分项工程量的数学模型

建筑工程量计算是由若干分项工程量计算公式完成的，有若干个计算工程量的数学模型。例如，挖地槽土方、地坑土方、挖孔桩土方、混凝土基础垫层、混凝土有肋带形基础、混凝土独立基础、有放脚砖基础、混凝土挖孔桩、有梁板、楼梯段、叠合梁、叠合板、混凝土预制墙、钢筋等分项工程量计算公式（数学模型）。这些数学模型构建好后，不但可以正确计算工程量，还可以准确和简化工程量计算软件的编写。

平整场地工程量计算

1. 构建地坑土方工程量计算数学模型

有放坡地坑土方工程量计算数学模型构建方法。

第一步，设想将有放坡地坑（图 4-3）切割为可以采用体积计算公式计算的形状（图 4-4）；

第二步，将有放坡地坑切割为一个立方体（中间的立方体）、四边的楔状体、四个角的四棱锥体，共分解为 9 个体积；

地坑土方工程量计算

23

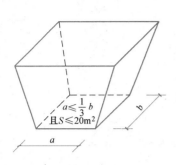

图 4-3　有放坡地坑示意图

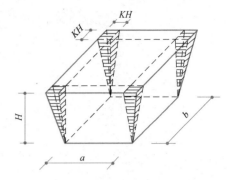

图 4-4　有放坡地坑切割示意图

第三步，计算立方体体积：$V_1 = a \times b \times H$

第四步，计算 4 个楔状体体积：$V_2 = KH \times H \times \frac{1}{2} \times b \times 2 + KH \times H \times \frac{1}{2} \times a \times 2$

第五步，计算 4 个棱锥体体积：$V_3 = KH \times KH \times H \times \frac{1}{3} \times 4$

第六步，合并上述三个公式：$V = V_1 + V_2 + V_3$

$= a \times b \times H + KH \times H \times \frac{1}{2} \times b \times 2 + KH \times H \times \frac{1}{2} \times a \times 2 + KH \times KH \times H \times \frac{1}{3} \times 4$

$= a \times b \times H + KH \times H \times \frac{1}{2} \times b \times 2 + KH \times H \times \frac{1}{2} \times a \times 2 + KH \times KH \times H \times \frac{4}{3}$

$= a \times b \times H + KH \times H \times \frac{1}{2} \times b \times 2 + KH \times H \times \frac{1}{2} \times a \times 2 + KH \times KH \times H + \frac{1}{3} KH \times KH \times H$

$= H(ab + \frac{1}{2}KH \times 2b + \frac{1}{2}KH \times 2a + KH \times KH) + \frac{1}{3}K^2 H^3$

$= H(ab + KHb + KHa + K^2 H^2) + \frac{1}{3}K^2 H^3$

$= H(a + KH)(b + KH) + \frac{1}{3}K^2 H^3$

$= (a + KH)(b + KH)H + \frac{1}{3}K^2 H^3$

计算有放坡地坑土方的数学模型为：

$$(a + KH)(b + KH)H + \frac{1}{3}K^2 H^3$$

式中　a——基础垫层宽度（含工作面宽度 c）；

　　　b——基础垫层长度（含工作面宽度 c）；

　　　c——工作面宽度（已包含于 a、b 中）；

　　　H——地坑深度；

　　　K——放坡系数。

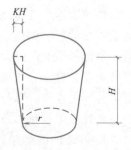

图 4-5　圆形放坡地坑示意图

2. 构建圆形有放坡地坑挖土方工程量计算数学模型

圆形放坡地坑（图4-5）挖土方工程量计算数学模型：

$$V=\frac{1}{3}\pi H[r^2+(r+KH)^2+r(r+KH)]$$

式中　r——坑底半径（含工作面）；

　　　H——坑深度；

　　　K——放坡系数。

3. 构建挖孔桩土方工程量计算数学模型

人工挖孔桩土方应按图示桩断面面积乘以设计桩孔中心线深度计算。挖孔桩的底部一般是球冠体（图4-6）。

挖沟槽土方
工程量计算

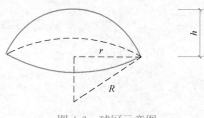

挖孔桩土方
工程量计算

图4-6　球冠示意图

球冠体的体积计算公式为：

$$V=\pi(h_3)^2\left(R_1-\frac{h_3}{3}\right)$$

由于施工图中一般只标注 r 的尺寸，无 R 尺寸，所以需变换一下求 R 的公式：

已知　　　　　　　　$r^2=R^2-(R-h_3)^2$

故　　　　　　　　　$r^2=2Rh_3-(h_3)^2$

$$R=\frac{(r_1)^2+(h_3)^2}{2h_3}$$

根据挖孔桩示意图（图4-7）中的有关数据和上述计算公式，计算挖孔桩土方工程量。

（1）桩身部分（图4-7）：

$$V=\pi\left(\frac{R}{2}\right)^2h_1$$

$$=3.1416\times\left(\frac{1.15}{2}\right)^2\times10.90$$

$$=11.32\mathrm{m}^3$$

（2）圆台部分

$$V=\frac{1}{3}\pi h(r^2+R^2+rR)$$

$$=\frac{1}{3}\times3.1416\times1.0\times\left[\left(\frac{0.80}{2}\right)^2+\left(\frac{1.20}{2}\right)^2+\frac{0.80}{2}\times\frac{1.20}{2}\right]$$

$$=1.047\times(0.16+0.36+0.24)$$

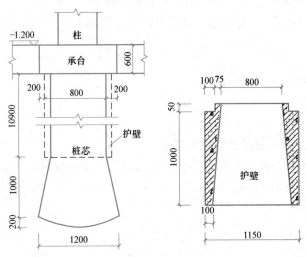

图 4-7　挖孔桩示意图

$$=1.047\times0.76=0.80\text{m}^3$$

（3）球冠部分（图 4-6）

$$R=\dfrac{\left(\dfrac{1.20}{2}\right)^2+(0.2)^2}{2\times0.2}=\dfrac{0.40}{0.4}=1.0\text{m}$$

$$V=\pi(h_3)^2\left(R-\dfrac{h_3}{3}\right)=3.1416\times(0.20)^2\times\left(1.0-\dfrac{0.20}{3}\right)=0.12\text{m}^3$$

挖孔桩体积＝11.32＋0.80＋0.12＝12.24m³

故挖孔桩土方工程量计算数学模型为：

$$V=\pi\left(\dfrac{R}{2}\right)^2h_1+\dfrac{1}{3}\pi h_2(r^2+R^2+rR)+\pi(h_3)^2\left(\dfrac{(r_1)^2+(h_3)^2}{2h_3}-\dfrac{h_3}{3}\right)$$

式中　r——桩身直径；

r_1——球冠半径；

R——扩大头直径；

h_1——桩身高；

h_2——圆台高；

h_3——球冠高。

4. 构建等高式有放脚标准砖基础工程量计算数学模型

等高式有放脚的标准砖基础（图 4-8）工程量计算数学模型构建方法。

第一步，将等高式放脚划分为若干个矩形；

第二步，各部分标注尺寸；

第三步，等高式标准砖放脚基础工程量计算思路：标准块面积乘以标准块个数加上基础墙（墙厚×基础墙高）面积等于砖基础断面积，再乘以长就计算出了等高式放脚砖基础工程量；

第四步，构建计算公式，即工程量＝（基础墙厚×墙高＋标准块面

砖基础工
程量计算

积×标准块数量)×砖基础长；

第五步，构建数学模型，即 $V=[B\times H+0.0625\times0.126\times n(n+1)]\times L$；

故等高式放脚砖基础工程量计算的数学模型为：$V=[B\times H+0.007875\times n(n+1)]\times L$

式中　B——基础墙厚；

H——基础墙高；

n——放脚层数；

L——基础墙长。

5. 构建不等高式标准砖放脚基础工程量计算数学模型

不等高式有放脚标准砖基础（图4-9）的工程量计算数学模型构建方法。

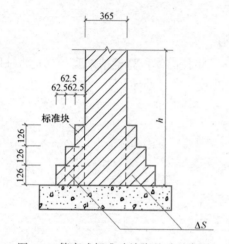
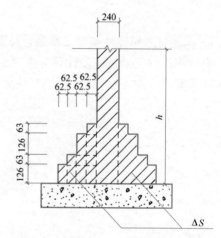

图4-8　等高式标准砖放脚基础示意图　　　　图4-9　不等高式大放脚砖基础示意图

第一步，将非等高式放脚划分为若干个矩形，由于是非等高式放脚，其中大矩形块的尺寸为63mm×126mm，小矩形块尺寸为62.5mm×63mm；

第二步，两种放脚矩形块标注好尺寸；

第三步，不等高式标准砖放脚砖基础工程量计算思路：大矩形块数量乘以其面积加上小矩形块数量乘以其面积之和，再加上基础墙（墙厚×基础墙高）面积等于砖基础断面积，再乘以放脚基础长就计算出了非等高式放脚砖基础工程量；

第四步，构建不等高式放脚砖基础工程量计算公式的思路是：由于等高式放脚的矩形块其断面积是相同都是标准块面积，而不等高式放脚的矩形块中不但有标准块，还有 $\frac{1}{2}$ 面积的标准块，只要我们调整等高式放脚基础工程量计算公式中标准块的数量就可以用该公式推导出等高式放脚砖基础工程量计算公式；

第五步，分析一下，我们看到等高式放脚的标准块数量为 $n(n+1)$ 块，也就是在放脚一边的数量与放脚层数一致（放脚高度126mm），即第一层是1块，第二层是2块，…，第 n 层是 n 块，即所在层数值就是标准块放脚的数量值。如果有半层放脚（高63mm）的非等高式放脚，半层放脚在砖基础的那一层，其 $\frac{1}{2}$ 层数值就变成了标准块放脚的数量，即半层放脚所在层少了 $\frac{1}{2}$ 标准块的数量；

第六步，将 $V=[B\times H+0.007875\times n(n+1)]\times L$ 中 $n(n+1)$ 等高式的标准放脚块数，减去半层放脚缺少的标准块数量，就可以将公式调整为计算含有半层标准块的放脚数量，即 $n(n+1)-\sum($单边半层的数值$\times\frac{1}{2})$；

第七步，根据上述分析，不等高式放脚砖基础工程量的数学模型整理为：

$$V=B\times H+0.007875\times[n(n+1)-\sum(\text{单边半层的数值}\times\frac{1}{2})]\times L$$

式中　B——基础墙厚；

　　　H——基础墙高；

　　　n——放脚层数；

　　　L——基础墙长。

6. 构建有放脚砖柱基础工程量计算数学模型

有放脚砖柱基础工程量计算分为两部分：一是将柱的体积算至基础底；二是将柱四周放脚体积算出（图 4-10、图 4-11）。计算工程量的数学模型推导如下：

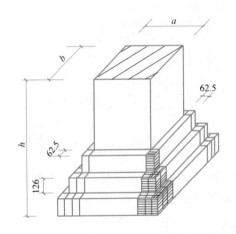
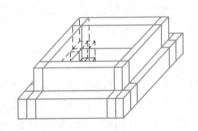

图 4-10　砖柱四周放脚示意图　　　　图 4-11　砖柱基四周放脚体积 ΔV 示意图

第一步，先单独计算独立砖柱基础的柱部分工程量（图 4-10），即 $V=a\times b\times h$；

第二步，剩下的柱基础四周的放脚部分可以划分为 8 个部分（图 4-11），即 4 个角的棱锥形阶梯、4 个边的放脚阶梯；

第三步，依据等高式放脚砖基础放脚工程量计算思路，4 边的放脚体积 $V=0.007875n(n+1)\times2(a+b)$；

第四步，4 个角的放脚体积计算思路：4 个角中每一个角的第一层标准块体积为 $V=0.0625\text{m}\times0.0625\text{m}\times0.126\text{m}$，第二层的块数为 4，第三层的块数为 9……，第 n 层的块数为 n^2，每个角的总块数等于自然数平方之和，即每一个角放脚块数为 $\frac{n(n+1)(2n+1)}{2}$；

砖柱基工程量计算

第五步，根据上述分析，有放脚独立砖柱基础工程量计算推导如下：

V ＝基础柱体积＋4 周放脚体积

$$=abh+0.007875n(n+1)\times(a+b)+0.0625\times0.0625\times0.126\times\frac{n(n+1)(2n+1)}{6}\times4$$

$$=abh+0.007875n(n+1)\times(a+b)+0.000328125n(n+1)(2n+1)$$

$$=abh+n(n+1)[0.007875\times(a+b)+0.000328125(2n+1)]$$

第六步，有放脚砖柱基础工程量计算数学模型为：

$$V=abh+n(n+1)[0.007875\times(a+b)+0.000328125(2n+1)]$$

7. 构建有肋带形基础 T 形接头部分工程量计算数学模型

混凝土有肋带形基础 T 形接头部分（图 4-12）工程量计算数学模型构建方法如下：

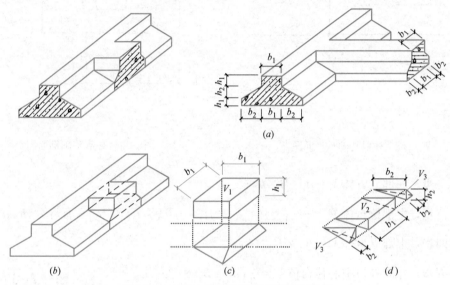

图 4-12　混凝土有肋带形基础分解示意图

第一步，将 T 形接头处切开；

第二步，将 T 形接头处需要计算工程量的立方体分离；

第三步，将分离出来的立方体再分离为一个立方体和一个多边体；

第四步，将多边体分离为两个锥体和一个楔状体；

第五步，列出 $V_1=b_1\times b_1\times h_1$ 的计算式；

第六步，列出 $V_2=b_2\times h_2\times0.5\times b_1$ 的计算式；

第七步，列出 $V_3=b_2\times h_2\times0.5\times b_2\times\frac{1}{3}$ 的计算式；

有肋带形基础 T 形
接头工程量计算

第八步，合并上述 3 个计算式：

$$V=V_1+V_2+2\times V_3=b_1\times b_1\times h_1+b_2\times h_2\times0.5\times b_1+b_2\times h_2\times0.5\times b_2\times\frac{1}{3}\times2$$

第九步，整理计算式，$V=b_1^2\times h_1+b_2\times h_2\times\left(0.5\times b_1+0.5\times b_2\times\frac{2}{3}\right)$

第十步，构建计算混凝土有肋带形基础 T 形接头部分计算工程量的数学模型为：

$$V=b_1^2\times h_1+b_2\times h_2\times\left(0.5\times b_1+b_2\times\frac{1}{3}\right)$$

8. 构建混凝土杯形基础工程量计算数学模型

混凝土杯形基础工程量计算数学模型构建方法。

第一步，将杯形基础（图4-13、图4-14）划分为4个部分后再进行计算，即：①底部立方体；②中部棱台体；③上部立方体；④最后扣除杯口空心棱台体。

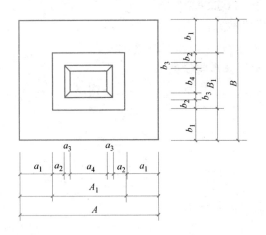

图4-13　杯形基础示平面图　　　　　　　图4-14　杯形基础剖面图

第二步，底部立方体 $V = A \times B \times h_3$；

第三步，中部棱台体 $V = \dfrac{1}{3}(A \times B + A_1 \times B_1 + \sqrt{(A \times B) \times (A_1 \times B_1)}) \times h_2$；

第四步，上部立方体 $V = A_1 \times B_1 \times h_1$；

第五步，扣除杯口空心棱台体 $V = \dfrac{1}{3}[a_4 \times b_4 + (2a_3 + a_4) \times (2b_3 + b_4) + \sqrt{(a_4 \times b_4) \times (2a_3 + a_4) \times (2b_3 + b_4)}] \times h_4$；

第六步，混凝土杯形基础工程量计算数学模型为：

$$V = A \times B \times h_3 + = \frac{1}{3}(A \times B + A_1 \times B_1 + \sqrt{(A \times B) \times (A_1 \times BA)}) \times h_2 + A_1 \times B_1 \times h_1$$
$$- \frac{1}{3}(a_4 \times b_4 + (2a_3 + a_4) \times (2b_3 + b_4) + \sqrt{(a_4 \times b_4) \times (2a_3 + a_4) \times (2b_3 + b_4)}) \times h_4$$

杯形基础工程量
计算数学模型

9. 构建钢筋弯钩增加长度计算数学模型

钢筋弯钩增加长度工程量计算数学模型构建方法（图4-15～图4-17）

钢筋混凝土结构设计规范规定，HPB300级钢筋末端做180°弯钩时，其圆弧弯曲直径 D 不应小于钢筋直径 d 的 2.5 倍，平直部分长度不小于钢筋直径 d 的 3 倍。一般情况下，计算钢筋工程量时，要计算钢筋弯钩的增加长度。图4-14的推导过程为：弯钩增加长度 $=(2.5d + d) \times 3.1416 \div 2 - 2.25d + 3d = 6.25d$。

在计算钢筋工程量的程序设计中，要将这个计算公式写入程序。当计算机遇到上述钢筋弯钩情况时，就要用这个公式计算钢筋弯钩增加长度工程量。

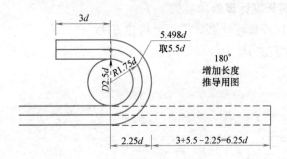

图 4-15　180°钢筋弯钩增加长度的系数计算示意图

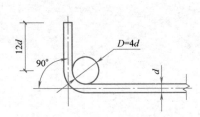

图 4-16　末端带 90°弯钩示意图

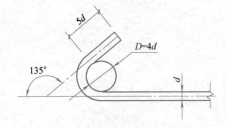

图 4-17　末端带 135°弯钩示意图

在实际工作中，还会遇到图 4-16～图 4-18 所示的计算钢筋弯钩增加长度的情况。

从简化程序编写和数据处理的准确性考虑，我们构建了一个任意角度、任意平直长度、任意圆弧弯曲直径的钢筋弯钩增加长度的通用数学模型如下：

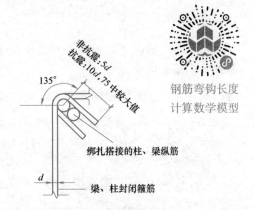

钢筋弯钩长度计算数学模型

图 4-18　箍筋弯钩示意图

$$L_x = \left(\frac{n}{2}d + \frac{d}{2}\right)\pi \times \frac{x}{180°} + zd - \left(\frac{n}{2}d + d\right)$$

式中　L_x——钢筋弯钩增加长度（mm）；

n——弯钩弯心直径的倍数值；

d——钢筋直径（mm）；

x——弯钩角度；

z——以 d 为基础的弯钩末端平直长度系数。

【例 4-1】　纵向钢筋 90°弯钩（当弯心直径＝4d，z＝12 时）的计算。试利用通用公式计算 90°弯钩增加长度。

$$L_{90} = \left(\frac{4}{2}d + \frac{d}{2}\right)\pi \times \frac{90°}{180°} + 12d - \left(\frac{4}{2}d + d\right)$$

$$= 2.5d\pi \times \frac{1}{2} + 12d - 3d$$

$$= 3.927d + 9d$$

$$= 12.927d$$

故弯钩增加长度取值为 12.93d。

10. 构建螺旋钢筋长度计算数学模型

螺旋钢筋（图 4-19）长度计算数学模型构建方法。

第一步，螺旋钢筋在圆柱上绕一圈后（图 4-20），从圆柱上取下，展开后可模拟为一个三角形（图 4-21）；

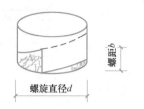

图 4-20　螺旋线绕圆柱一周示意图

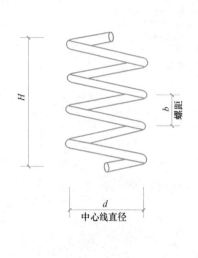

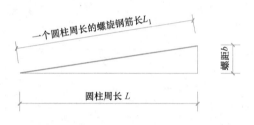

图 4-19　螺旋钢筋示意图　　　　图 4-21　螺旋线打开后为三角形斜边示意图

第二步，从图 4-21 中可以看到，三角形的斜长就是螺旋钢筋的长，三角形的对边就是螺旋钢筋的螺距；

第三步，计算螺旋钢筋的长就是计算三角形的斜长，三角形的斜长 $L_1=\sqrt{L^2+b^2}$ ；

螺旋钢筋长度计算数学模型构建

第四步，一个周长的螺旋钢筋长 $L_1=\sqrt{L^2+b^2}$ ，多圈螺旋钢筋的长

$$L_X=\sqrt{L^2+b^2}\times\frac{H（螺旋钢筋高）}{b（螺距）}；$$

第五步，由于施工图所标螺旋钢筋的尺寸有三个，螺旋钢筋高 H 、螺距 b 、螺旋中心线 d ，所以要将公式 $L_X=\sqrt{L^2+b^2}\times\frac{H}{b}$ 转换为 $L_X=$

$$\sqrt{L^2+(\pi d)^2}\times\frac{H}{b}；$$

第六步，一根螺旋钢筋长度计算数学模型为： $L_X=\sqrt{L^2+(\pi d)^2}\times\frac{H}{b}$ ，

式中　L_X——螺旋钢筋长；

　　　　d——螺旋体直径；

　　　　b——螺距；

　　　　H——螺旋钢筋高。

11. 构建螺旋楼梯水平投影面积计算数学模型

螺旋楼梯（图 4-22）水平投影面积计算数学模型构建方法。

图 4-22 螺旋楼梯示意图中各字母含义：h——螺旋楼梯层高；H——螺旋楼梯总高；

r——螺旋楼梯空心圆半径；R——螺旋楼梯大圆半径；

B——楼梯宽。

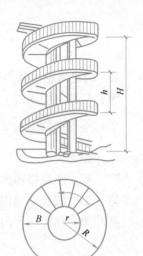

图 4-22　螺旋楼梯示意图

第一步，一层螺旋楼梯水平面积 $S_1 = \pi R^2 - \pi r^2$；

第二步，一座螺旋楼梯水平投影面积 $S = (\pi R^2 - \pi r^2) \times \dfrac{H}{h}$；

第三步，螺旋楼梯水平投影面积数学模型为 $S = \pi (R^2 - r^2) \times \dfrac{H}{h}$；或 $S = \pi \left(R - \dfrac{B}{2}\right)^2 \times B \times \dfrac{H}{h}$；或 $S = \pi (R + r) \times B \times \dfrac{H}{h}$。

【例 4-2】　某螺旋楼梯 $r = 0.70\text{m}$，$R = 1.60\text{m}$，$B = 0.90\text{m}$，$h = 2.50\text{m}$，$H = 10.0\text{m}$，计算其水平投影面积。

公式 1 解：$S = 3.1416 \times (1.60^2 - 0.70^2) \times \dfrac{10.0}{2.50} = 3.1426 \times 2.07 \times 4 = 26.01\text{m}^2$

公式 2 解：$S = 3.1416 \times \left(1.60 - \dfrac{0.90}{2}\right) \times 2 \times 0.90 \times \dfrac{10.0}{2.50} = 3.1416 \times 2.30 \times 0.90 \times 4 = 26.01\text{m}^2$

公式 3 解：$S = 3.1416 \times (1.60 + 0.70) \times 0.90 \times \dfrac{10.0}{2.50} = 3.1416 \times 2.30 \times 0.90 \times 4 = 26.01\text{m}^2$

12. 构建螺旋楼梯正面斜面积计算数学模型

螺旋楼梯（图 4-22）正面斜面积计算数学模型构建方法如下：

第一步，楼梯正面的斜面积就可以在螺旋楼梯水平面积基础上乘以坡度系数 k 就能计算出螺旋楼梯的斜面积；

第二步，螺旋楼梯的坡度系数 $k = L_1$（斜长）$\div L_2$（水平长）；

第三步，$L_1 = \sqrt{h^2 + (2\pi R)^2}$；

第四步，$L_2 = 2\pi R$；

第五步，$k = L_1 \div L_2 = \sqrt{h^2 + (2\pi R)^2} \div 2\pi R$；

第六步，楼梯正面的斜面积计算数学模型为：

$$S_{斜} = \pi (R + r) \times B \times \frac{H}{h} \times (\sqrt{h^2 + (2\pi R)^2} \div 2\pi R)$$

【例 4-3】　某螺旋楼梯 $r = 0.70\text{m}$，$R = 1.60\text{m}$，$B = 0.90\text{m}$，$h = 2.50\text{m}$，$H = 10.0\text{m}$，试计算其斜面积。

解：楼梯斜面积 $S_{斜} = \pi (R + r) \times B \times \dfrac{H}{h} \times \sqrt{h^2 + (2\pi R)^2} \div 2\pi R$

$= 3.1416 \times (1.60 + 0.70) \times 0.90 \times 4$

$\times \sqrt{2.50 + (2 \times 3.1416 \times 1.60)^2} \div (2 \times 3.1416 \times 1.60)$

$$=3.1416×2.30×0.90×4×(10.36÷10.05)$$
$$=26.01×1.03$$
$$=26.79m^2$$

13. 构建螺旋楼梯内圆螺旋栏杆长计算数学模型

螺旋楼梯（图4-22）内边螺旋长计算数学模型构建方法如下：

第一步，先确定内边圆水平周长，然后乘以坡度系数 k，再乘以层数 $\dfrac{H}{h}$ 就可以计算出内圆栏杆螺旋长；

第二步，螺旋楼梯内圆一层栏杆水平周长 $L_3 = 2\pi r$；

第三步，螺旋楼梯内圆栏杆全部斜长 $L_斜 = 2\pi r × k$（坡度系数）；

第四步，螺旋楼梯内圆栏杆全部斜长数学模型：

$$L_斜 = 2\pi r \frac{H}{h} × \sqrt{h^2+(2\pi r)^2} ÷ (2\pi r)$$

【例4-4】 某螺旋楼梯 $r = 0.70m$，$R = 1.60m$，$B = 0.90m$，$h = 2.50m$，$H = 10.0m$，试计算其内圆斜长。

解： $L_斜 = 2×3.1416×0.70×4×(\sqrt{2.50^2+(2×3.1416×0.70)^2} ÷ 2×3.1416×0.70)$
$$=17.59×1.046=18.40m$$

14. 构建螺旋楼梯外圆栏杆螺旋长计算数学模型

螺旋楼梯（图4-22）外圆栏杆螺旋长计算数学模型构建方法如下：

第一步，先确定外圆栏杆水平周长，然后乘以坡度系数 k，再乘以层数 $\dfrac{H}{h}$ 就可以计算出外圆栏杆螺旋长；

第二步，螺旋楼梯外圆一层栏杆水平周长 $L_3 = 2\pi R$；

第三步，螺旋楼梯外圆栏杆全部斜长 $L_斜 = \pi R × k$（坡度系数）；

第四步，螺旋楼梯外圆栏杆全部斜长数学模型：

$$L_斜 = 2\pi R \frac{H}{h} × \sqrt{h^2+(2\pi R)^2} ÷ 2\pi R$$

【例4-5】 某螺旋楼梯 $r = 0.70m$，$R = 1.60m$，$B = 0.90m$，$h = 2.50m$，$H = 10.0m$，试计算其内圆斜长。

解： $L_斜 = 2×3.1416×1.60×4×\sqrt{2.50^2+(2×3.1416×1.60)^2} ÷ (2×3.1416×1.6)$
$$=40.21×(10.36÷10.05)$$
$$=40.21×1.03$$
$$=41.42m$$

15. 构建圆形混凝土平板钢筋分布筋长度计算数学模型

圆形混凝土平板钢筋分布筋（图4-23）长度计算数学模型构建方法如下：

第一步，在圆内布置钢筋，几乎每一根钢筋长度都不同，需要计算每一根钢筋的长度，然后加总得出总长度；

第二步，若布置在通过圆心 O 的钢筋长度（l_0），就是直径的长度；相邻直径的钢筋长度（l_1）可以根据半径 r 和间距 a 及钢筋一半长，构成直角三角形关系，其计算式为 $l_0 = \sqrt{r^2 - (na)^2} \times 2$，因此，圆内钢筋长度的计算公式为 $l_n = \sqrt{r^2 - (na)^2} \times 2$；

第三步，一个圆分布的全部钢筋长度数学模型为：

$$l_Z = \sum_{n=0}^{m} (2 \times \sqrt{r^2 - (na)^2} \times 2) - 2r$$

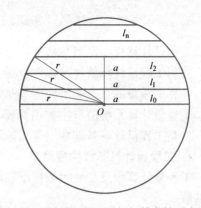

式中　l_Z——圆形混凝土平板钢筋分布筋长度之和；

　　　r——圆形混凝土平板半径；

　　　a——分布筋间距；

　　　n——第 n 根分布筋（$n = 0, 1, 2, 3, \cdots, m$）

图 4-23　圆形混凝土平板钢筋布筋示意图

16. 构建不规则平板钢筋长度简易计算数学模型

采用"面积相等近似法"计算不规则平板钢筋长度（图 4-24、图 4-25）数学模型构建如下：

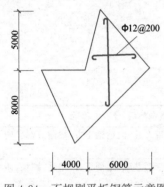

图 4-24　不规则平板钢筋示意图

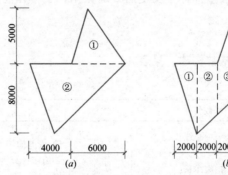

图 4-25　不规则平板示意图

第一步，计算不规则平板面积 $S = 8.0 \times 10.0 \times \frac{1}{2} + 6.0 \times 5.0 \times \frac{1}{2}$，$S =$ 不规则平板划分为可计算面积之和；

第二步，将不规则平板面积 S 折算为边长为 b 的正方形，$b = \sqrt{S}$；

第三步，计算边长 b 的正方形双向布筋的总根数 $n = (b \div a + 1) \times 2$；

第四步，计算边长 b 的正方形双向布筋的总长度 $L = (b \div a + 1) \times 2 \times (b + 2W)$；

第五步，不规则平板钢筋长度计算数学模型：

$$L = 2(b \div a + 1)(b + 2W)$$

式中　S——不规则平板划分为可计算面积之和；

　　　b——正方形边长；

　　　a——钢筋间距；

　　　L——不规则平板钢筋长度简易计算法计算出的总长度。

4.5.3 工程量计算程序模型构建思路

工程量计算程序模型是从整体上考虑构建的。

编制工程量计算软件与编制其他应用软件一样，都要进行系统设计。在系统设计环节，计算工程量的系统模型确定是非常重要的工作之一。

工程量计算系统模型主要由两部分内容组成：一是工程量主要项目的计算方法与顺序；二是工程量计算基础数据应用方法。

1. 工程量计算基数构建思路

工程量计算中反复使用的长度和面积尺寸数据通常称为"工程量计算基础数据"，简称基数。

建筑物的外墙中心线长，可以计算挖地槽、基础垫层、带形基础、地圈梁、外墙等工程量，可以确定为基数，用符号"$L_{中}$"表示，称为"外墙中线长"。另外，按照这个思路，可以将内墙净长线定义为"$L_{内}$"，把外墙外边长定义为"$L_{外}$"，把底层面积定义为"$S_{底}$"等基数。

2. 工程量计算顺序思路

工程量计算顺序不是按照施工顺序进行的，是按照工程量计算数据之间的逻辑关系确定的。即后面工程量计算中反复需要的数据，安排在前面计算。

4.5.4 工程量计算基数构建

工程量计算基数构建，见表4-1。

工程量计算基数表　　　　　　　　　　　表4-1

序号	基数名称	代号	直接(或调整后)计算工程量
1	外墙中心线长	$L_{中}$	用于计算外墙上的带形基础、地槽土方、垫层、圈梁、砖墙、女儿墙等工程量
2	内墙净长	$L_{内}$	用于计算内墙上的带形基础、地槽土方、垫层、圈梁、砖墙、女儿墙等工程量
3	外墙外边周长	$L_{外}$	用于计算平整场地、勒脚、散水、明(暗)沟、外墙装饰、外墙脚手架、挑檐脚手架等工程量
4	底层面积	$S_{底}$	用于计算平整场地、室内回填土、地面垫层、面层、室内脚手架等工程量
5	底层净面积	$S_{底净}$	用于计算室内回填土、地面垫层、地面面层等工程量
6	楼层净面积	$S_{楼净}$	用于计算楼面垫层、楼面面层等工程量
7	屋面净面积	$S_{屋净}$	该水平面积用于计算屋面保温层、面层等工程量

4.5.5 主要预制（现浇）构件工程量计算方法与顺序

预制（现浇）构件工程量计算方法与顺序见表4-2。

4.5.6 除构件外的主要工程量计算方法与顺序

这部分工程量的计算顺序是根据后面工程量计算需要借用的数据项目先算原则编排顺序进行，除构建外的工程量计算方法与顺序见表4-3。

主要预制（现浇）构件工程量计算方法与顺序表 表4-2

序号	分项工程名称	单位	数学模型与计算方法	计算规则
1	预制（现浇）柱	m^3	$\sum_{i=1}^{n}$（柱断面积×柱高）	
2	预制（现浇）梁	m^3	$\sum$梁断面积×梁长	
3	预制（现浇）过梁	m^3	$\sum$过梁断面积×梁长	
4	预制（现浇）圈梁	m^3	$\sum$圈梁断面积×$(L_{中}+L_{内净})$	按图示设计尺寸计算工程量
5	预制（现浇）板	m^3	$\sum$板断面积×板长	
6	预制（现浇）楼梯段	m^3	$\sum$梯段断面积×楼梯宽	
7	预制（现浇）阳台板	m^3	$\sum$阳台板断面积×阳台板长	

除构建外的主要工程量计算方法与顺序表 表4-3

序号	分项工程名称	单位	数学模型与计算方法	计算规则
1	平整场地	m^2	$S_{底}+L_{外}×2+16$	建筑物底面积每边放出2m宽
2	人工挖地槽土方	m^3	外墙$\sum(a+2c+KH)×H×L_{中}$	地槽断面积乘以外墙中心线长
		m^3	内墙$\sum(a+2c+KH)×H×L_{内净}$	地槽断面积乘以内墙地槽净长
3	人工挖地坑	m^3	$\sum(a+2c+KH)×(b+2c+KH)×H+\frac{1}{3}K^2H^3$	坑底每边加工作面；要放坡
4	混凝土地圈梁	m^3	$\sum$地圈梁断面积×$(L_{中}+L_{内净})$	按图示尺寸计算工程量
5	带形砖基础	m^3	$\sum[$基础墙高×基础墙厚$+0.007875n(n+1)]×(L_{中}+L_{内})$	按图示尺寸计算工程量
6	砖柱基础	m^3	$\sum abh+n(n+1)×[0.007875(a+b)+0.000328125(2n+1)]$	按图示尺寸计算工程量
7	地槽回填土	m^3	地槽土方$-$（垫层$+$地圈梁$+$砖基础）$+$高出室外地坪基础体积	
8	地坑回填土	m^3	地坑土方$-$（垫层$+$砖基础）$+$高出室外地坪基础体积	
9	室内回填土	m^3	$[S_{底}-\sum(L_{中}+L_{内})×$墙厚$]×$（室内外地坪高差$-$垫层厚$-$面层厚）	
10	土方外运	m^3	序2+序3-序5-序6-序8-序9+基础多扣体积	
11	木门窗	m^2	$\sum$门窗洞口面积	
12	铝合金门窗	m^2	$\sum$门窗洞口面积	按门窗洞口面积计算门窗工程量
13	其他门窗	m^2	$\sum$门窗洞口面积	
14	砌体结构外墙	m^3	$\sum(L_{中}×$墙高$-$大于$0.3m^2$孔洞及门窗洞口面积）×墙厚$-$圈、过梁及埋在墙内构件体积	
15	砌体结构内墙	m^3	$\sum(L_{内}×$墙高$-$大于$0.3m^2$孔洞及门窗洞口面积）×墙厚$-$圈、过梁及埋在墙内构件体积	计算墙体工程量时应扣除大于$0.3m^2$孔洞及门窗洞口面积
16	填充墙	m^3	$\sum($墙长×墙高$-$大于$0.3m^2$孔洞及门窗洞口面积）×墙厚$-$过梁及埋在墙内构件体积	

续表

序号	分项工程名称	单位	数学模型与计算方法	计算规则
17	砖柱及零星砌体	m³	按图示尺寸计算工程量	
18	楼地面垫层	m³	$\sum(S_{底净}+S_{楼净})\times$垫层厚	
19	楼地面面层	m²	$\sum S_{底净}+S_{楼净}$	
20	楼梯面层	m²	$\sum$整体楼梯投影水平面积	
21	踢脚线	m²	$\sum(L_{中}-$门洞宽+两边侧面宽+$L_{内}-2\times$门洞宽+两边侧面宽)×踢脚线高	按图示设计尺寸计算工程量
22	散水面层	m²	$(L_{中}+$散水宽×4-台阶长)×散水宽	
23	散水垫层	m³	散水面层×垫层厚	
24	明(暗)沟	m	$L_{中}+$散水宽×8+明(暗)沟宽×4	
25	女儿墙	m³	$L_{中}\times$女儿墙高×女儿墙厚	
26	屋面找平层、面层	m²	屋面投影水平面积×延尺系数	按图示设计尺寸计算工程量
27	屋面保温层、垫层	m³	屋面投影水平面积×延尺系数×保温层厚	
28	屋面找平层、面层(有女儿墙)	m²	$S_{屋净}\times$延尺系数	
29	屋面保温层、垫层(有女儿墙)	m³	$S_{屋净}\times$延尺系数×保温层、垫层厚	
30	天棚基层装饰	m²	$S_{底净}-$不做天棚基层的面积	按图示设计尺寸计算工程量
31	天棚骨架装饰	m²	$S_{底净}-$不做天棚骨架的面积	
32	天棚面层装饰	m²	$S_{底净}-$不做天棚面层的面积	
33	内墙面层、基层装饰	m²	$\sum(L_{中}\times$墙净高-门窗及洞口面积)+$\sum(L_{内}\times$墙净高×2面-2×门窗及洞口面积)-没有装饰的墙面面积	
34	外墙墙装饰面层、基层	m²	$\sum L_{中}\times$(墙顶标高-室外地坪标高)-外墙裙面积-没有装饰的墙面面积	
35	外墙裙(勒脚)	m²	$(L_{中}-$门洞宽+门洞侧壁宽)×墙裙高-没有装饰的墙面面积	
36	挑檐檐口装饰	m	$(L_{中}+$檐口宽×8+山墙斜长挑檐水平长×延迟系数)×挑檐宽	

4.6 建立计价定额库和工程量计算规范库准备工作

4.6.1 建立计价定额库准备工作

建筑工程计价定额是计算建筑工程量的依据,更是计算直接费与工料分析的重要依据。

计算机能够自动计算工程量或计算直接费,是编写程序时指定到计价定额库中获取有关数据后进行设计处理的结果。

为了使计算机能够读懂计价定额，需要用计算机语言规定的法则建立计价定额数据库，将数据库放入内存储器或者外存储器，提供计算工程量和直接费时使用。

1. 计价定额摘录

某地区建筑工程计价定额的现浇混凝土基础项目摘录见表4-4。

某地区计价定额摘录 表4-4

工程内容：1. 混凝土水平运输。
2. 混凝土搅拌、捣固、养护。

计量单位：10m³

定额编号				5-396	5-397
项目		单位	单价(元)	C25 混凝土独立基础	C25 混凝土杯形基础
基价		元		3424.13	3366.83
其中	人工费	元		1005.10	944.30
	材料费	元		2292.73	2296.22
	机械费	元		126.31	126.31
人工	综合用工	工日	95.00	10.58	9.94
材料	C25 混凝土	m³	221.60	10.15	10.15
	草袋子	m²	8.20	3.26	3.67
	水	kg	1.80	9.31	9.38
机械	400L 混凝土搅拌机	台班	119.06	0.39	0.39
	插入式混凝土振捣器	台班	12.68	0.77	0.77
	1t 机动翻斗车	台班	89.89	0.78	0.78

2. 计价定额库数据类型确定

计价定额数据存放到计算机存储器中，要符合计算机语言的数据类型，主要有"整型数""浮点型""字符型""货币型""日期型"等。

定额编号确定为数值还是字符？数值是可以运算的，字符不能运算。如果不需要运算和比较，定额编号可以确定为字符型。

定额项目名称和定额单位，基本上由汉字和字母或计量单位组成，所以可以确定为字符型。

定额基价、人工费、材料费、机械费以及人、材、机单价可以确定为浮点数值型，不要用货币型，因为货币型主要表示哪个国家的货币，便于兑换。

定额总说明、分部说明、节说明和有关备注，采用字符型类型。

3. 计价定额全部数据录入 Excel 表

按照计算机软件使用定额库的要求，设计定额数据表格，将建筑工程计价定额的数据（含文字）全部录入 Excel 表，为将来将定额数据快速导入计算机数据库做好准备。这是一项工作量较大的工作任务。

4. 复核计价定额数据

计价定额的数据全部录入 Excel 表后，通过设置计算公式，将全部定额数据用 Excel 表计算一遍，复核其数据的正确性。

例如，定额项目的人工费是否等于各人工工日数量乘以对应人工单价的汇总数据，材料费是否等于各材料用量分别乘以对应单价后汇总的数据，机械费是否等于各机械台班数量分别乘以对应单价后汇总的数据，定额基价是否等于人工费、材料费、机械费之和。

4.6.2 建立工程量计算规范库准备工作

工程量计算规范主要有项目编码、项目名称、项目特征、计量单位、工程量计算规则和工作内容六项内容。另外，还有各种附表。

《房屋建筑与装饰工程工程量计算规范》GB 50854—2013 中现浇混凝土梁清单项目摘录，见表4-5。

现浇混凝土梁（编号：010503）   表 4-5

项目编码	项目名称	项目特征	计量单位	工程量计算规则	工作内容
010503001	基础梁	1. 混凝土种类 2. 混凝土强度等级	m³	按设计图示尺寸以体积计算。伸入墙内的梁头、梁垫并入梁体积内 梁长： 1. 梁与柱连接时，梁长算至柱侧面 2. 主梁与次梁连接时，次梁长算至主梁侧面	1. 模板及支架（撑）制作、安装、拆除、堆放、运输及清理模内杂物、刷隔离剂等 2. 混凝土制作、运输、浇筑、振捣、养护
010503002	矩形梁				
010503003	异形梁				
010503004	圈梁				
010503005	过梁				

4.7 小结

手工定额工程量计算程序、手工清单工程量计算程序是编写工程量计算软件的根本依据；计算分项工程量的数学模型构建、工程量计算系统模型构建为工程量计算程序设计提供了核心方法；工程量计算基数构建、工程量计算方法与顺序、为编写工程量计算程序提供了正确的方法与方案；建立计价定额库准备工作、建立工程量计算规范库准备工作为建立工程量计算计算机数据库做好了充分的准备。

有了以上的关键思路与核心方法，可以帮助程序设计人员快速编制出符合质量要求的工程量计算软件，可以改变由于非造价专业程序员不能简明扼要编制出正确的功能强大应用程序的现状。

复习思考题

1. 为什么要构建工程量计算数学模型？
2. 本教材阐述了哪些计算分项工程量的数学模型？
3. 叙述构建地坑土方工程量计算数学模型的方法与步骤。
4. 叙述构建圆形有放坡地坑挖土方工程量计算数学模型的方法与步骤。
5. 叙述构建挖孔桩土方工程量计算数学模型的方法与步骤。
6. 叙述构建等高式有放脚标准砖基础工程量计算数学模型的方法与步骤。

7. 叙述构建不等高式有放脚标准砖基础工程量计算数学模型的方法与步骤。

8. 叙述构建有放脚砖柱基础工程量计算数学模型的方法与步骤。

9. 叙述构建有肋带形基础 T 形接头部分工程量计算数学模型的方法与步骤。

10. 叙述构建混凝土杯形基础工程量计算数学模型的方法与步骤。

11. 叙述构建钢筋弯钩增加长度计算数学模型的方法与步骤。

12. 叙述构建螺旋钢筋长度计算数学模型的方法与步骤。

13. 叙述构建螺旋楼梯外圆栏杆螺旋长计算数学模型的方法与步骤。

14. 叙述构建圆形混凝土平板钢筋分布筋长度计算数学模型的方法与步骤。

15. 叙述工程量计算基数的构建思路。

16. 软件计算工程量为什么要建立计价定额库？

17. 软件计算工程量为什么要建立工程量计算规范库？

5 AutoCAD平台计算工程量

5.1 CAD 工具使用之前工程量计算方法简介

20 世纪 80 年代，计算机不能识别蓝图施工图，主要方法是人工看图，手工列出工程量计算式，软件自动根据计算式计算工程量，然后按照设计的要求输出工程量计算表，完成工程量归类合并汇总的各项工作。

例如，预算员根据以下施工图（图 5-1）列出计算混凝土独立基础工程量的计算式。

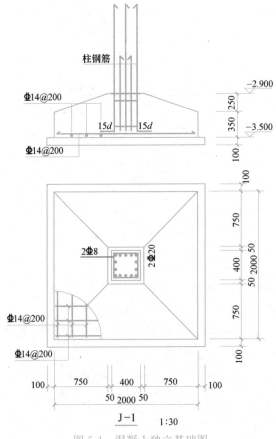

图 5-1　混凝土独立基础图

$$V = 2.0 \times 2.0 \times 0.35 + (2.0 \times 2.0 + 0.50 \times 0.50) \times 0.50 \times 0.25$$

将上述计算混凝土独立基础工程量的计算式输入计算机。

5.2　AutoCAD 平台建模计算工程量

AutoCAD 绘图在工程上普及后，程序员开始利用 CAD 图构建工程量计算模型。

5.2.1　AutoCAD 基本功能

CAD 平台计算
工程量

AutoCAD 是 Autodesk（欧特克）公司首次于 1982 年开发的自动计算机辅助设计软件，用于二维绘图、详细绘制、设计文档和基本三维设计，现已经成为国际上广为流行的绘图工具。AutoCAD 具有良好的用户界面，通过交互菜单或命令行方式便可以进行各种操作。它的多文档设计环境，让非计算机专业人员也能很快地学会使用。

1. 基本特点

（1）具有完善的图形绘制功能。

（2）有强大的图形编辑功能。

（3）可以采用多种方式进行二次开发或用户定制。

（4）可以进行多种图形格式的转换，具有较强的数据交换能力。

（5）支持多种硬件设备。

（6）支持多种操作平台。

（7）具有通用性、易用性，适用于各类用户。

2. CAD 基本功能

绘图辅助工具。AutoCAD 提供了正交、对象捕捉、极轴追踪、捕捉追踪等绘图辅助工具。正交功能使用户可以很方便地绘制水平、竖直直线，对象捕捉可帮助拾取几何对象上的特殊点，而追踪功能使画斜线及沿不同方向定位点变得更加容易。

AutoCAD 具有强大的编辑功能，可以移动、复制、旋转、阵列、拉伸、延长、修剪、缩放对象等。

标注尺寸。可以创建多种类型尺寸，标注外观可以自行设定。

书写文字。能轻易在图形的任何位置、沿任何方向书写文字，可设定文字字体、倾斜角度及宽度缩放比例等属性。

图层管理功能。图形对象都位于某一图层上，可设定图层颜色、线型、线宽等特性。

三维绘图。可创建 3D 实体及表面模型，能对实体本身进行编辑。

二次开发。AutoCAD 允许用户定制菜单和工具栏，并能利用内嵌语言 Autolisp、Visual Lisp、VBA、ADS、ARX 等进行二次开发。

5.2.2　利用 AutoCAD 平台开发工程量计算功能

能实现在 AutoCAD 平台完成工程量计算，主要得益于平台两个方面的支持：①平台强大的绘图与图形处理功能，用于处理拟计算工程量的建筑 CAD 施工图；②AutoCAD 允许用户在 Windows 平台用 C++语言进行二次开发。

程序员只要解决 AutoCAD 平台能够识读导入的施工图和在程序中构建计算工程量的

数学模型两个方面的问题，就可以实现电脑计算工程量的目标。

5.2.3 识别导入的 CAD 施工图

识别导入的 CAD 施工图，是指计算机像人一样，能够识读 CAD 施工图，读出图中全部构件和建筑物的尺寸。这些尺寸就像手工计算工程量那样，要完全能满足计算工程量的要求。

要实现软件读取施工图中的全部尺寸，就要根据 AutoCAD 平台提供的二次开发功能，用 C++语言编写识别和提取各项建筑尺寸。

这一方法的难度是如何实现，让软件使用者能够直观、方便、符合工作习惯地使用这个软件。

应该指出，目前的计算机智能化水平，还没有达到将 CAD 图导入计算机后，全自动识别图中全部尺寸的水平。还需要类似于建筑师一步一步绘制施工图的方式，将各种线条长度、各种构件尺寸绘制在电脑平台上。

所以，"三维算量 For CAD"软件还需要人工操作输入"工程设置"各种数据信息，还要进行"绘制轴网""基础布置""主体布置""梁体布置""板体布置""后浇带布置""预埋件布置""墙体布置""构造柱布置""圈梁布置""过梁布置""门窗布置""阳台布置""栏板布置""栏杆布置""扶手布置""挑檐天沟布置""脚手架布置""台阶布置""坡道布置""散水布置""地沟布置""梯段布置""房间装饰布置""地面装饰布置""天棚装饰布置""踢脚线布置""墙裙布置""墙面布置""屋面布置"等。

所谓"布置"，就是手工将这些与建筑、构件等有关的数据信息输入计算机，以及将相关的线条在计算机的 CAD 图上再"画"一遍、再确认一遍，使计算机将这些确认的数据与构件尺寸一一对应，并存放在计算机的数据库里面，将来可以通过计算机程序调用。

我们知道，AutoCAD 绘制的是二维平面图，它的内容主要是图形，没有构件尺寸。

例如，在 CAD 平台上，我们看到梁的拉筋的特性是该拉筋的坐标，没有构件的物理尺寸（图 5-2）。

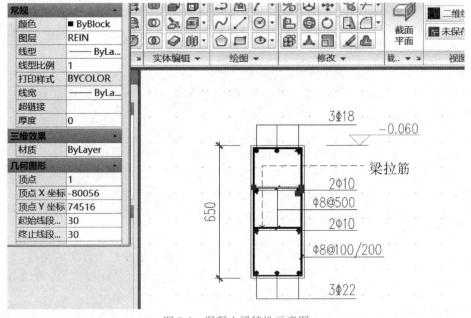

图 5-2　混凝土梁特性示意图

"三维算量"软件通过"布置"操作，让计算机认识构件尺寸，并将尺寸保存在对应的数据库中。

另外，"三维算量"软件可以显示布置好的构件或者建筑的三维立体图，通过立体图的旋转能够直观地看到拟建工程的三维效果，这也是该软件的重要功能之一。

5.2.4　构建计算工程量数学模型

在布置建筑构件和建筑装饰时，"三维算量"软件都会跳出表格，让操作者填写是什么构件或确认构件信息。这个时候，计算机会确认，用哪个数学模型或者计算式来计算该工程量。

可以说，当计算机完成全部"布置"后，不但确定和提取了构件的物理尺寸数据，而且也已经挂上了对应的计算公式和的数学模型。只要对计算机发出计算的命令，计算机就会自动完成全部工程量计算。在 AutoCAD 平台实现工程量计算功能需要如下条件：

1. 要让计算机智能识别施工图

计算机不能自动识别 CAD 图中的尺寸数据。虽然计算机不能自动识别 CAD 图的物理特性，但是我们可以根据 CAD 平台开放的功能，在尽量利用平台功能的前提下，用 C＋＋等计算机语言编写通过用户配合使计算机自动获取图纸尺寸的计算机程序，辅助完成工程量计算任务。

我们的目标是首先要让计算机智能识图。

2. 符合手工计算工程量的规律

三维算量软件计算工程量的程序和方法，一定要符合手工计算工程量的规律。

手工计算工程量规律包括：依据施工图与预算定额双向选择确定分项工程工程项目的规律；依据施工图和工程量计算规范双向确定清单项目的规律；定额工程量计算必须按照预算定额工程量计算规则计算工程量的规律；清单工程量计算必须按照工程量计算规范中工程量计算规则规定的规律；工程量计算必须符合工程量项目计算先后顺序的规律。

3. 正确的工程量计算数学模型才能编写高质量的程序

要编写高质量的程序，必须将解决问题的过程与方法，先构建出数学模型，才能很好地发挥计算机语言的功能，编写出条理清晰、逻辑性强、功能强大的工程量计算软件。所以，需要尽量归纳构建出工程量计算的数学模型，然后才能编制出高水平的工程量计算软件。

工程量计算数学模型，可以包括两个方面：①计算建筑构件，如计算混凝土柱、混凝土梁、楼梯栏杆、地砖地面、石膏板天棚、乳胶漆墙面等实体工程量；②还要设计出工程量合并、工程量统计、工程量计算基数反复使用等数学模型。事先设计好这些数学模型，可以极大地提升工程量计算程序的编写质量。

必须指出，上述数学模型的建立，必须要依靠造价工程师长年积累的、科学的、准确的、具有技巧性的工程量计算方法，要吸收众多造价工程师的先进经验和方法，程序员要与造价工程师紧密配合，提炼、归纳出符合数学模型要求的工程量计算式，并且通过手算证明是正确公式。

5.3　CAD 平台工程量计算软件应用实例

5.3.1　小车库工程概况

小车库工程是某单位停放车辆的车库建筑。该工程是单层框架结构填充墙建筑物，混

凝土独立基础、混凝土框架柱，混凝土地梁和屋面梁、现浇混凝土屋面，室内外地坪高差
-0.15m，层高 5.50m，设计有 6.00m 和 5.70m 两种开间，8.50m 进深，推拉窗、卷帘
门。小车库平面图见图 5-3、立面图见图 5-4。

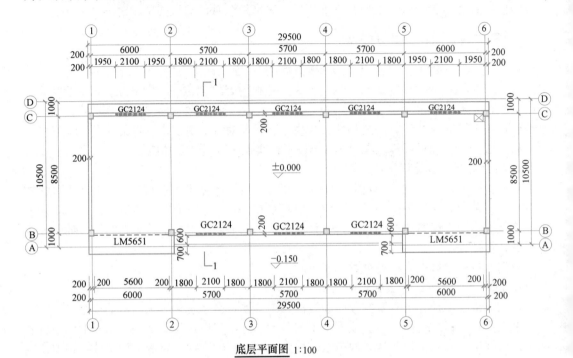

底层平面图 1:100

图 5-3 小车库平面图

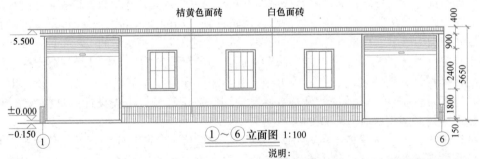

说明：
1. 坡道：C20混凝土15厚，1:2水泥砂浆面20厚；
2. 散水：C15混凝土提浆抹光，60厚，沥青砂浆嵌缝。

图 5-4 小车库立面图

CAD平台工程
量计算——工
程设置

5.3.2 小车库工程设置

1. 打开软件界面

打开"三维算量 For CAD"软件界面后，若是新建工程，就要输入
工程名称，见图 5-5。

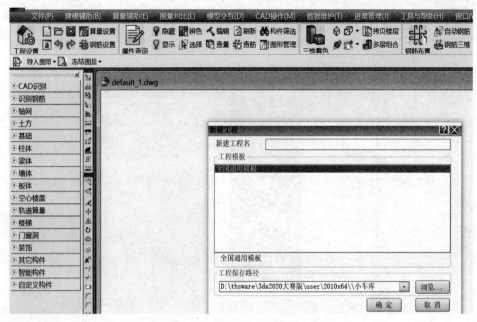

图 5-5 打开工程设置界面

2. 输入工程名称

输入"小车库工程"名称见图 5-6。

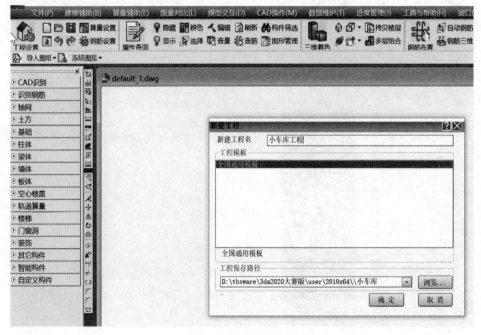

图 5-6 输入工程名称

3. 选择计量模式

进入"工程设置"界面。第一项是"计量模式",本工程选择"清单计量模式""上海市建筑和装修工程预算定额""国标工程量清单计算规范",见图 5-7。

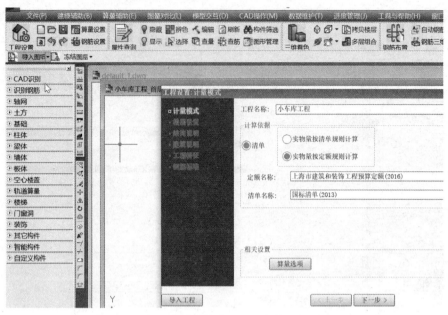

图 5-7　计价模式和地区定额选择

4. 楼层设置

进入"工程设置"的第二项是"楼层设置"，内容包括"设置首层"（车库只有首层）、"设置层高"（5.500m）、"室外地坪高差"（150mm），见图 5-8。

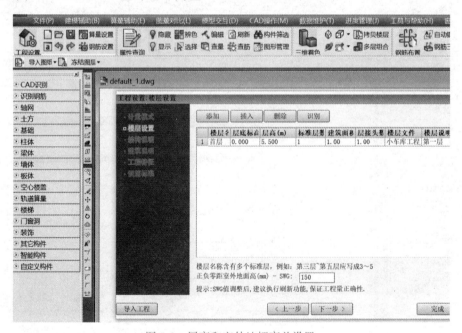

图 5-8　层高和室外地坪高差设置

5. 结构设置

进入"工程设置"的第三项是"结构设置"，内容包括基础、柱、梁、板的混凝土强度等级为 C25，见图 5-9。

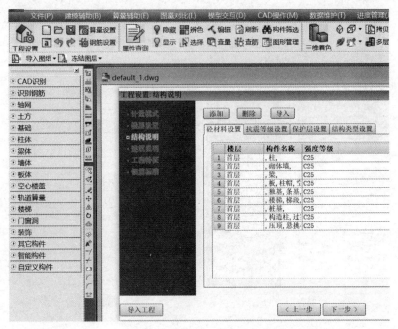

图 5-9　结构混凝土强度等级设置

6. 建筑说明

进入"工程设置"的第四项是"建筑说明",内容包括 M5 水泥石灰砂浆砌空心砖填充墙,见图 5-10。

图 5-10　填充墙设置

7. 设置结构类型

进入"工程设置"的第五项是"工程特征",其中"工程概况"填写内容为"框架结构",见图 5-11。

图 5-11　设置为框架结构

8. 设置工程特征

进入"工程设置"的第五项是"工程特征",其中"计算定义"的填写内容为"定型钢模板",见图 5-12。

图 5-12　工程特征设置

9. 土方定义

进入"工程设置"的第五项是"工程特征",其中"土方定义"填写的内容为"人工开挖、三类土、地下水位、工作面 300、原槽灌浆",见图 5-13。

图 5-13　土方、工作面等定义

10. 选择钢筋标准

进入"工程设置"的第六项是"钢筋标准"，填写"16G101 系列"内容并点击"完成键"，完成了工程设置的有关内容，见图 5-14。

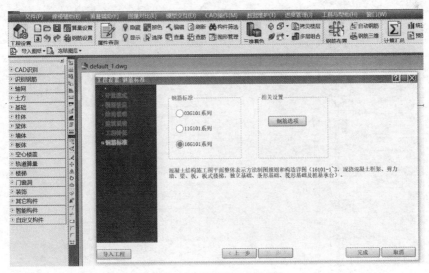

图 5-14　钢筋标准设置

5.3.3　导入小车库 CAD 图

1. 查找 CAD 图所在文件夹

点击"导入图纸"按钮后，屏幕弹出画面后寻找车库 CAD 图，见图 5-15。

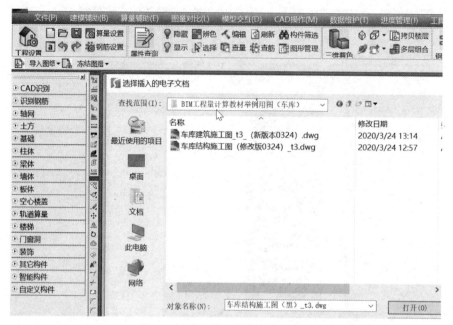

图 5-15　准备导入小车库 CAD 图

2. 导入小车库 CAD 图

点击打开的小车库工程建筑施工图，见图 5-16。

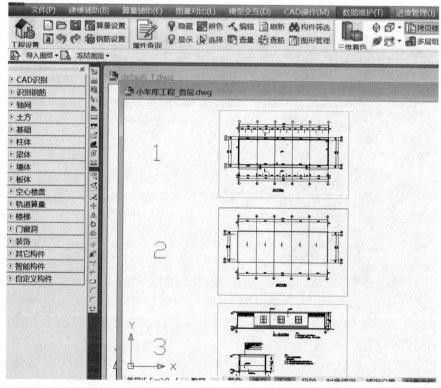

图 5-16　导入后的小车库 CAD 图

5.3.4　自动识别小车库 CAD 图轴网

1. 识别轴网

点击"CAD 识别"下的 ，再点击左上角的"提取轴线"后，在车库建筑图中点击轴线，软件识别轴网后，施工图中的轴网线消失，见图 5-17。

CAD平台导入
图纸识别轴网

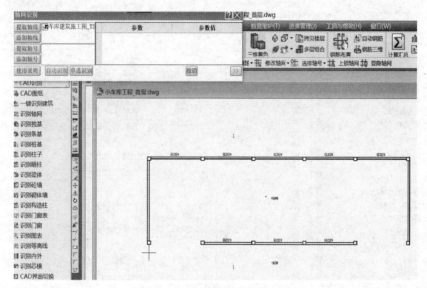

图 5-17　识别轴网后的平面图

2. 恢复 CAD 图

点击图 5-17 所示界面后，车库图恢复，以便进行下一个内容识别（图 5-18）。

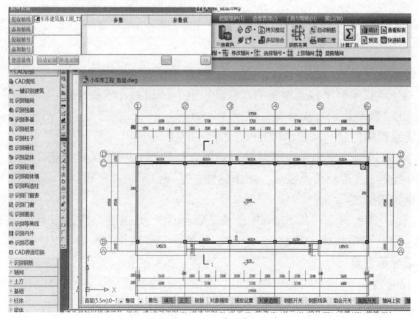

图 5-18　小车库平面图恢复轴网

5.3.5 导入车库结构施工图

方法同上，导入结构施工图后的界面见图 5-19。

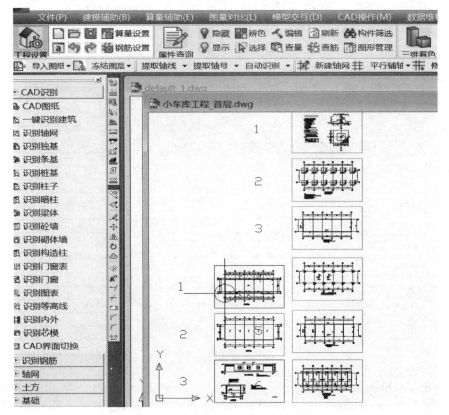

图 5-19 导入小车库结构图后的界面

5.3.6 识别混凝土独立基础

CAD平台识别
独立基础

1. 点击独基识别按钮

点击"CAD识别"下拉菜单下的"独基识别"按钮后，软件会在左上角自动跳出"独基识别"操作框，见图 5-20。

2. 识别独基构件

点击"独基识别"操作框内的"提取边线"按钮后，再用鼠标点击①轴与⑧轴相交独立基础的边线后，图中的独立基础全部被软件识别，见图 5-21。

3. 识别独基标注

随后点击"独基识别"操作框内的"提取标注"按钮后，再用鼠标点独立基础上"J1"的标注后，图中的独立基础标注已经不见了，全部被软件识别，见图 5-22。

4. 设置独基参数

在"独基识别"操作框内的"参数值"中设置了独基编号、截高、标高、垫层、工作面、放坡系数等本工程独立基础的各种参数，见图 5-23。

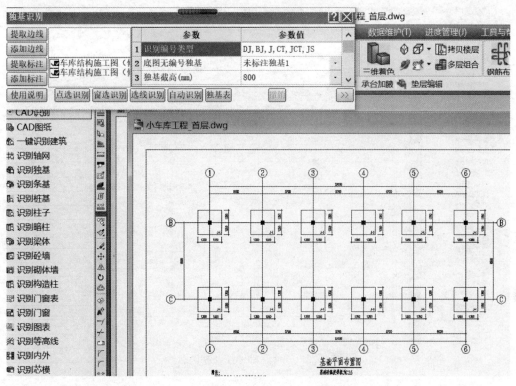

图 5-20 左上角自动跳出"独基识别"操作框

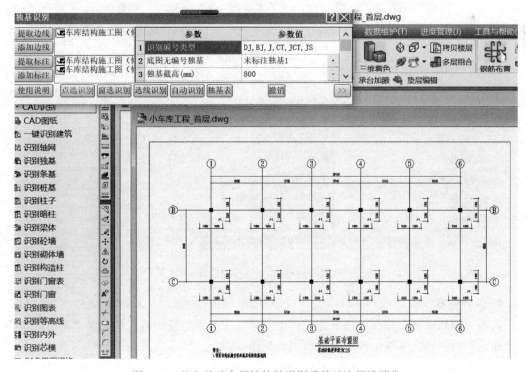

图 5-21 独立基础全部被软件识别后基础边框线消失

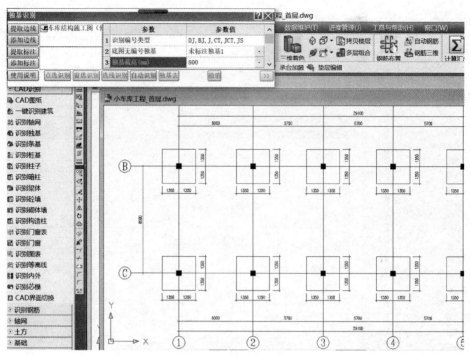

图 5-22 独立基础标注已经识别

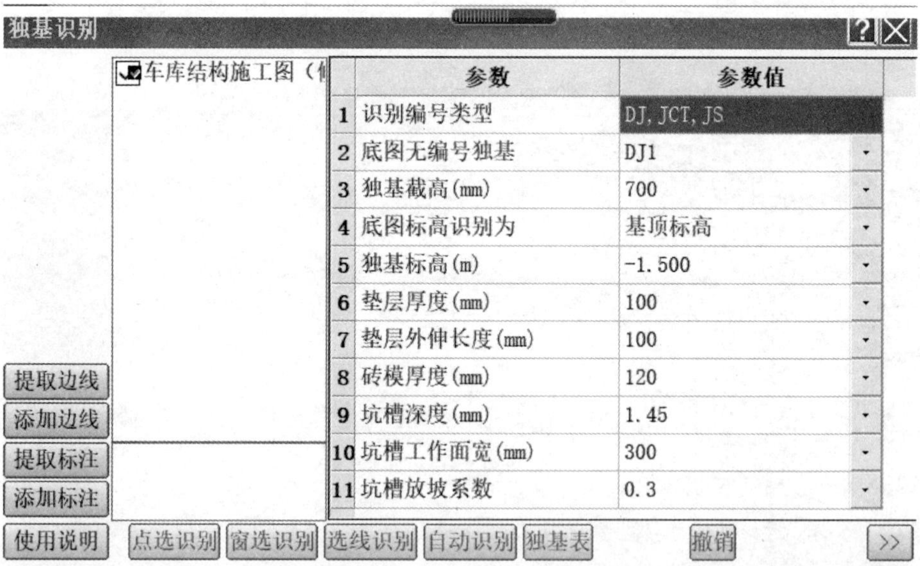

图 5-23 独立基础参数设置

5. 识别独基

点击"独基识别"操作框内下面一排中的"窗选识别"按钮后，再到独立基础图中窗选"确定"后，独立基础全部被软件识别，见图 5-24。

6. 识别全部独基

显示基础平面图时点击"手动布置"按钮，会弹出独立基础布置（图中间）的对话

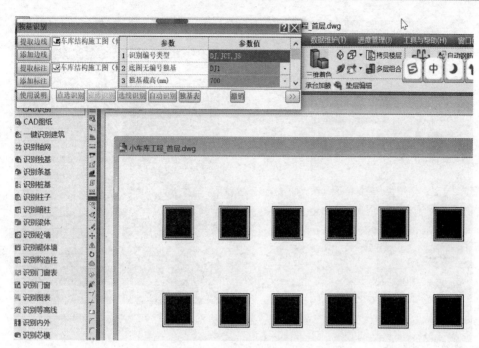

图 5-24　独立基础全部被软件识别后的显示图

框，见图 5-25。

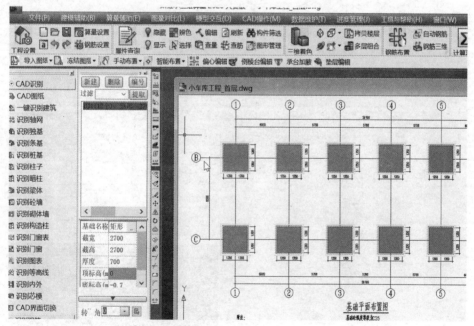

图 5-25　独立基础全部被软件识别后的显示图

7. 选择独基模型

点击画面中间的"基础名称"按钮，会出现图 5-26 所示示图，然后选择本工程的二阶独立基础模型（软件中显示为红线框），见图 5-26。

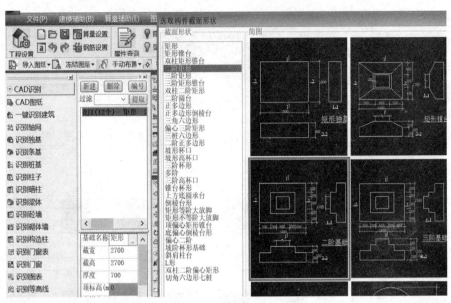

图 5-26　清单独基类型

8. 确定独基参数

点击"编号"按钮后弹出独立基础的属性画面，然后根据右下角模型图的提示，按照 CAD 图独立基础尺寸填写完成"参数值"，见图 5-27。

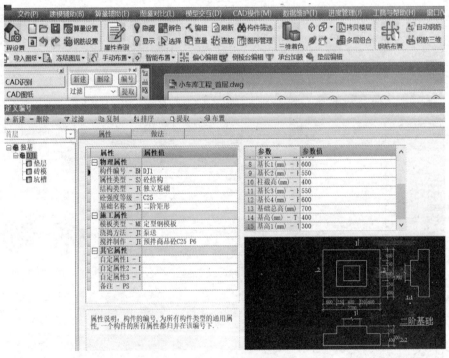

图 5-27　给独立基础标准尺寸

9. 二阶独基识别

关闭图 5-27 所示属性后，出现已经布置好的二阶独立基础，见图 5-28。

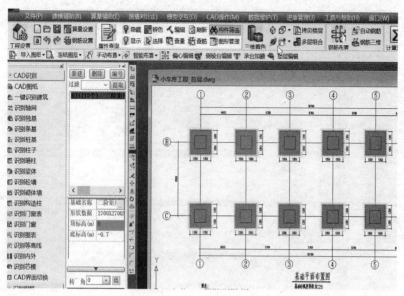

图 5-28 布置好的独立基础

10. 独基三维效果图

点击上方的"三维着色"按钮,就得到了已经被软件识别的独立基础三维立体效果图,见图 5-29。

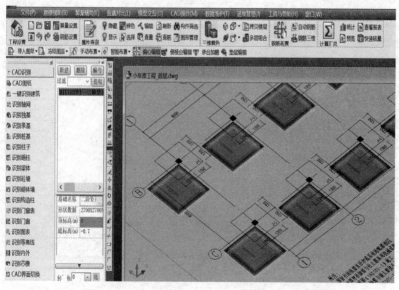

图 5-29 已经被软件识别的独立基础三维立体

11. 设置地坑属性

鼠标右键点击独基虚线后弹出"构件查询"操作框,然后点击"槽坑"属性,将其中的"挖土深度"修改为 1450mm、槽底宽 3300mm,见图 5-30。

12. 识别独基地坑

点击"三维着色"按钮后,看到 12 个独基地坑已经被软件识别,见图 5-31。

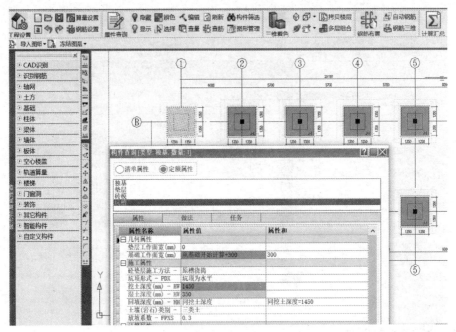

图 5-30　设置工作面和挖土深度尺寸

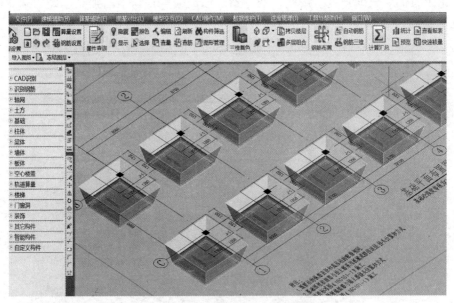

图 5-31　独立基础与基坑三维立体图

5.3.7　识别混凝土框架柱

1. 点击"识别柱子"按钮

确定柱的结构平面图后，点击"识别柱子"按钮，出现"柱和暗柱识别"操作框，见图 5-32。

2. 识别框架柱

点击"柱和暗柱识别"操作框中的"提取边线"按钮后，用鼠标点击 CAD 图中柱的

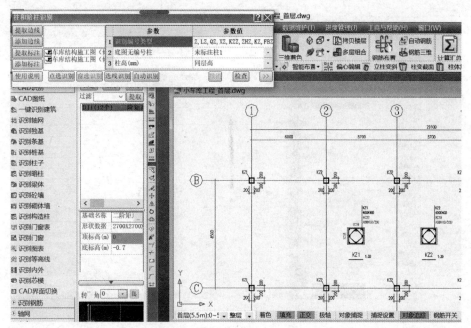

图 5-32 柱识别操作框示意

边线，柱就消失了，已经被软件识别，见图 5-33。

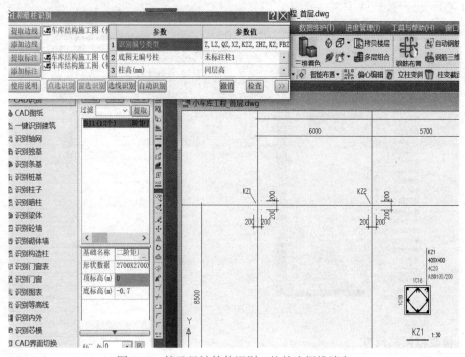

图 5-33 柱已经被软件识别（柱的边框线消失）

3. 识别框架柱的标注

点击"柱和暗柱识别"操作框中的"提取标注"按钮后，用鼠标点击 CAD 图中柱的代号，柱代号的标注就消失了，已经被软件识别，见图 5-34。

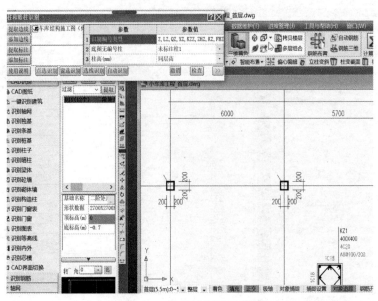

图 5-34 柱代号识别示意图

4. 识别全部框架柱

点击"窗选识别"按钮后，用鼠标框选基础图，柱的界面颜色发生改变（软件中可见变为红色），已经被软件识别，见图 5-35。

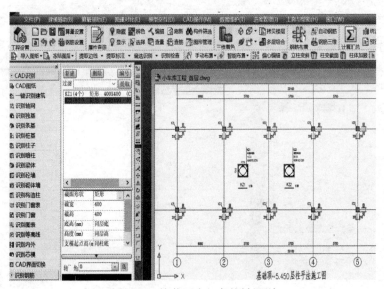

图 5-35 柱截面变红色柱被识别

5. 修改框架柱尺寸

修改 KZ1、KZ2 的柱界面尺寸（400mm×400mm）、柱高从地梁上表面至屋面上表面，见图 5-36。

6. 框架柱三维效果图

点击"三维着色"按钮，看到 12 根框架柱已经被软件识别，见图 5-37。

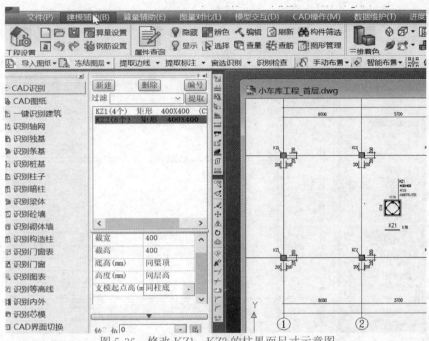

图 5-36　修改 KZ1、KZ2 的柱界面尺寸示意图

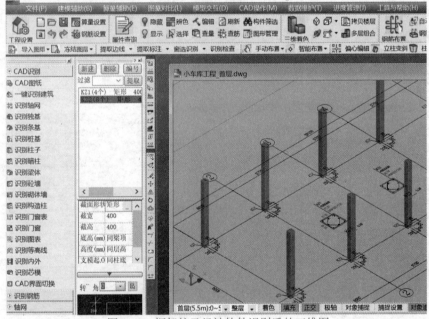

图 5-37　框架柱已经被软件识别后的三维图

5.3.8　识别混凝土地梁

1. 点开识别梁体按钮

将小车库地梁布置图拖入窗口后，打开"CAD 识别"下拉菜单后点击"识别梁体"，左上角出现"梁识别"操作框，见图 5-38。

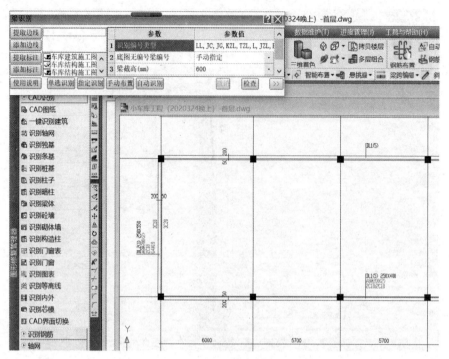

图 5-38　打开梁识别操作框

2. 识别地梁

在"梁识别"操作框内点击"提取边线"后，鼠标点击地梁边线，地梁平法施工图中地梁边线已不可见，说明地梁被识别（图 5-39）。

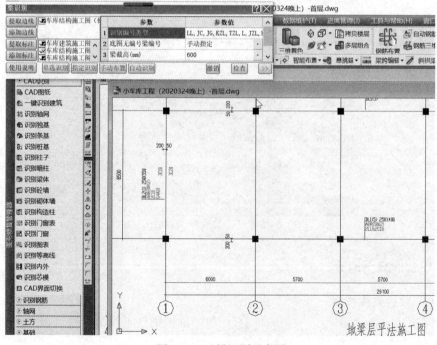

图 5-39　地梁识别示意图

3. 识别地梁标注

在"梁识别"操作框内点击"提取标注"后，鼠标点击地梁标注后，地梁平法施工图中地梁名称标注（已不可见），说明地梁标注被识别（图5-40）。

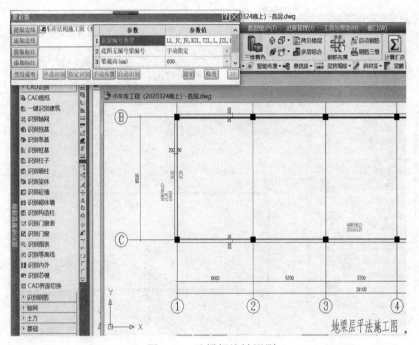

图5-40　地梁标注被识别

4. 识别地梁DL2

在"梁识别"操作框内编辑地梁编号"DL2"、设置梁高"550"、地梁顶面标高"−0.20"后，鼠标点击"自动识别"后，地梁DL2（软件中显示蓝色）被识别（图5-41）。

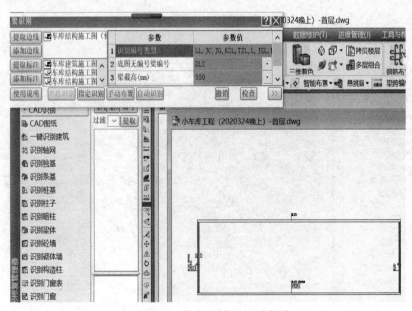

图5-41　自动识别DL2示意图

5. 识别地梁 DL1

在"梁识别"操作框内编辑地梁编号"DL1"、设置梁高 400、地梁顶面标高"—0.20"后，鼠标点击"自动识别"后，地梁 DL1（软件中显示蓝色）被识别（图 5-42）。

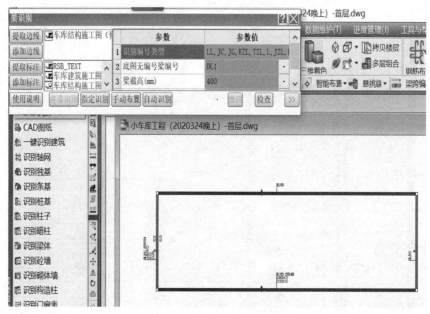

图 5-42　自动识别 DL1 示意图

6. 地梁三维效果图

点击"三维着色"后，显示地梁已被软件识别，见图 5-43。

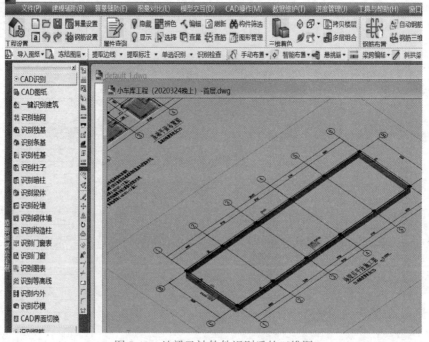

图 5-43　地梁已被软件识别后的三维图

5.3.9　识别混凝土屋面梁

1.　识别屋面梁

打开屋面梁布置图，点击"CAD 识别"下拉菜单中的"识别梁体"后出现左上角"梁识别"操作框，然后点击"提取边线"按钮，接着用鼠标点击屋面梁的边线，梁的边线消失，说明已经被软件识别了线条，效果见图 5-44。

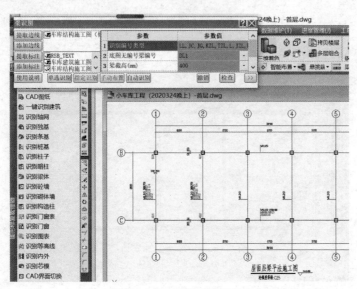

图 5-44　识别屋面梁示意图

2.　识别屋面梁标注

在左上角"梁识别"操作框，点击"提取标注"按钮，接着用鼠标点击屋面梁的标注"WML"，标注名称消失，说明线条已经被软件识别，效果见图 5-45。

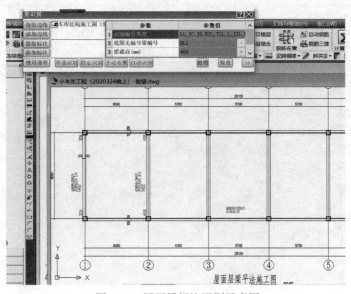

图 5-45　屋面梁标注识别示意图

3. 自动识别屋面梁

点击左上角"梁识别"操作框，然后点击"自动识别"按钮，屋面梁颜色发生变化（软件中显示蓝色），已经被软件识别，见图 5-46。

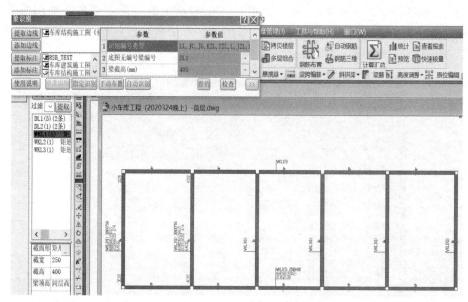

图 5-46　屋面梁识别示意图

4. 屋面梁三维效果图

点击"三维着色"，看到屋面梁被识别的三维图形，见图 5-47。

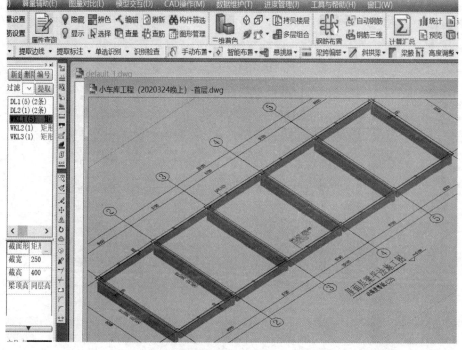

图 5-47　屋面梁被识别的三维图

5.3.10 识别砌体墙

1. 绘制和识别砌体墙

在小车库底层平面图上，打开左边"墙体"下拉菜单后点击"砌体墙"，先调整下方黑色图中的墙的轴线尺寸，然后点击上方"手动布置"中的"直线画墙"，最后再用鼠标在底层平面图上画出封闭的墙线，见图5-48。

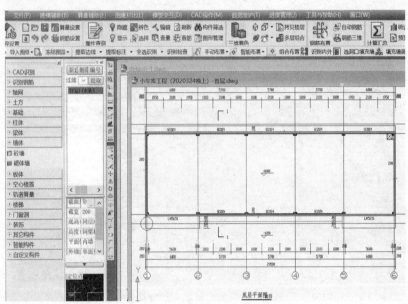

图 5-48 手动布置砌体墙示意图

2. 砌体墙三维效果图

点击"三维着色"，看到砌体墙被识别的三维图形，见图5-49。

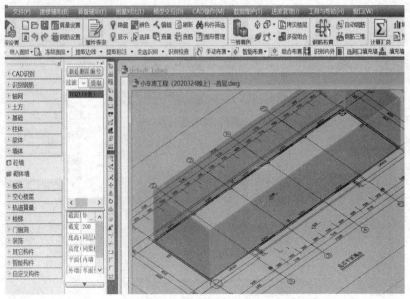

图 5-49 手动布置砌体墙后被识别后的三维示意图

5.3.11　识别门窗

1. 定义门参数

打开左边菜单中"门窗洞"按钮后，点击"门"按钮，在打开屏幕中间位置的"编号"按钮，跳出"定义编号"框后，定义门代号（LM5651）、材质（铝合金）、名称（卷帘门）、开启方式（上下）、门宽（5600）、门高（5100），见图5-50。

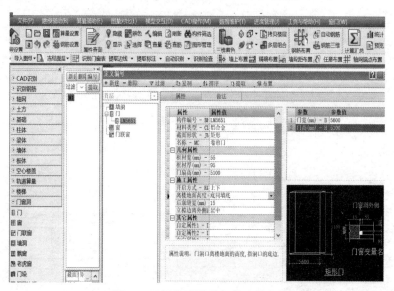

图 5-50　门类型材质与尺寸确定

2. 定义卷帘门参数

打开左边菜单中"门窗洞"按钮后"，点击"门"按钮，然后鼠标在墙上布置门的位置，然后在打开屏幕中间位置门的"编号"按钮，跳出"定义编号"框后，在"施工属性"下"开启方式"中选"卷帘式"就在图上定位了卷帘门，见图5-51。

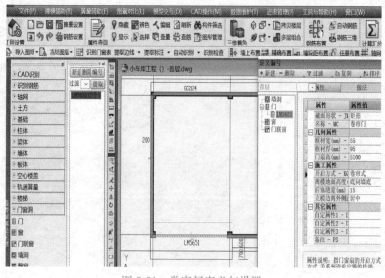

图 5-51　卷帘门定义与设置

3. 定义窗参数

打开左边菜单中"门窗洞"按钮后，点击"窗"按钮，然后打开屏幕中间位置窗的"编号"按钮，跳出"定义编号"框后，定义窗编号（GC2124）、开启方式（推拉窗）、窗宽（2100）、窗高（2400）等数据信息，见图5-52。

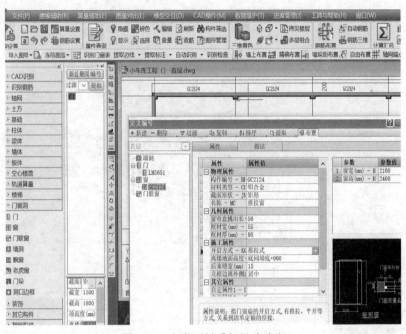

图 5-52　窗类型材质与尺寸确定

4. 布置窗

打开左边菜单中"门窗洞"按钮后，点击"窗"按钮，然后鼠标在底层平面图上按照原位布置好窗，见图 5-53。

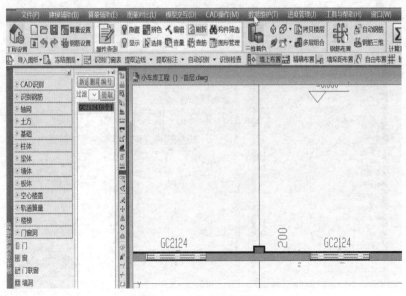

图 5-53　窗布置示意图

5. 门窗三维效果图

点击"三维着色"后，布置好的三维门窗示意见图 5-54。

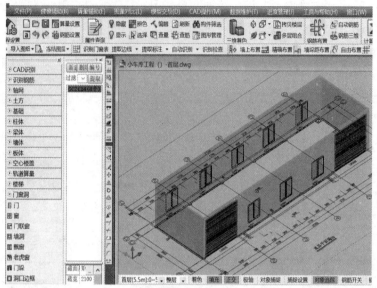

图 5-54　布置好的三维门窗效果图

5.3.12　识别混凝土屋面板

1. 定义屋面板参数

在屋面板布置图状态下，打开左边菜单的"板体"按钮，然后再点击"现浇板"按钮，接着打开屏幕中间偏左的现浇板控制框上面的"编号"后弹出"定义编号"操作框，然后修改"结构类型"（有梁板）、"板厚"（140mm），见图 5-55。

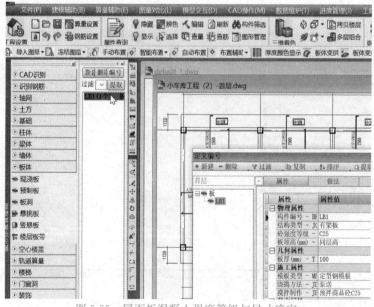

图 5-55　屋面板混凝土强度等级与尺寸确定

2. 识别屋面板

在屋面板布置图状态下，打开左边菜单的"板体"按钮，然后再点击"现浇板"按钮，然后点击左上方的"手动布置"按钮，按照提示用鼠标沿140mm厚有梁板边线拉线布置后，出现以下梁板被识别的图形，见图5-56。

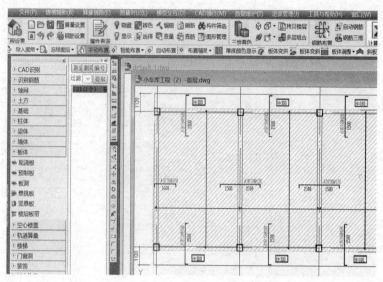

图5-56　屋面混凝土板被识别

3. 识别挑檐板

在屋面板布置图状态下，打开左边菜单的"板体"按钮，然后再点击"现浇板"按钮，然后点击左上方的"手动布置"按钮，按照提示用鼠标沿屋面挑檐100mm厚平板边线拉线布置后，出现以下平板被识别的图形，见图5-57。

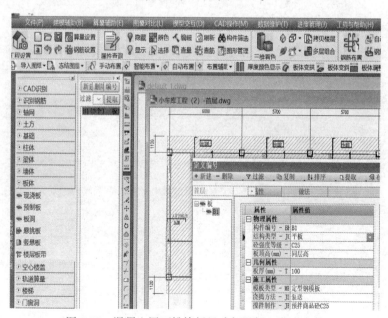

图5-57　混凝土屋面挑檐板尺寸与混凝土类型确定

4. 屋面板与挑檐板三维效果图

点击"三维着色"后，布置好的屋面有梁板和平板三维示意见图 5-58。

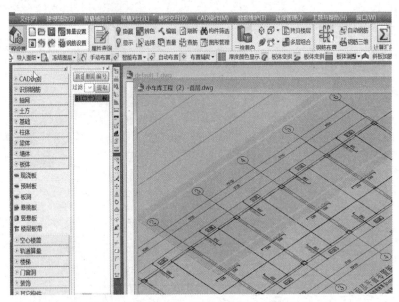

图 5-58　混凝土屋面板与挑檐板三维效果图

5.3.13　装饰工程布置

1. 地面装饰布置

第一步，打开左边"装饰"按钮，点击"地面"按钮，然后找屏幕左半部分点击"编号"按钮弹出"定义编号"操作框，修改"构建编号"（地面 1）、修改"装饰颜色"（软件中显示黄色），见图 5-59。

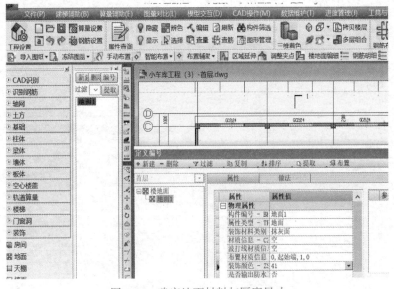

图 5-59　确定地面材料与厚度尺寸

第二步，点击上部"智能布置"中的"矩形布置"，然后用鼠标框选地面位置，地面装饰布置完成，见图5-60。

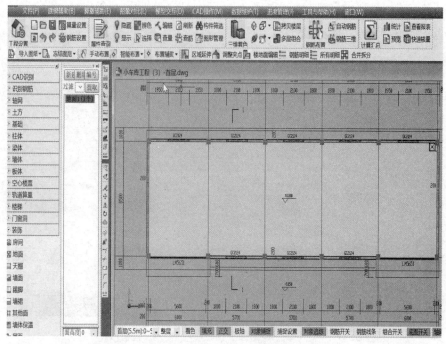

图5-60　地面装饰布置

第三步，点击"三维着色"后，看到黄色的地面装饰布置，见图5-61。

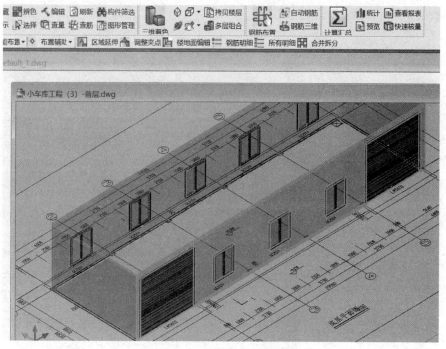

图5-61　地面装饰三维效果图

2. 墙裙装饰布置

第一步，打开左边"装饰"按钮，点击"墙裙"按钮，然后找屏幕左侧中间点击"编号"按钮弹出"定义编号"操作框，修改"装饰面高"（1800mm），见图5-62。

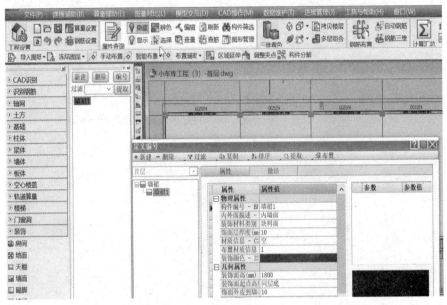

图 5-62　墙裙装饰数据确定

第二步，点击上部"智能布置"中的"矩形布置"，然后用鼠标框选墙裙位置，墙裙装饰布置完成，见图5-63。

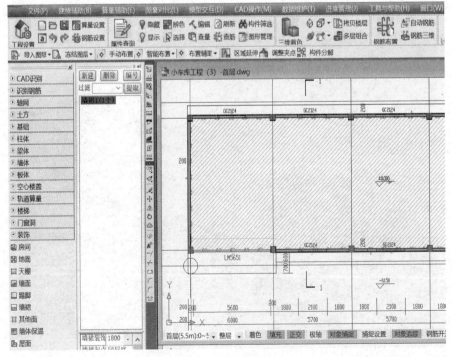

图 5-63　墙裙布置图

第三步，点击"三维着色"后，看到墙裙装饰（有颜色改变）布置，见图5-64。

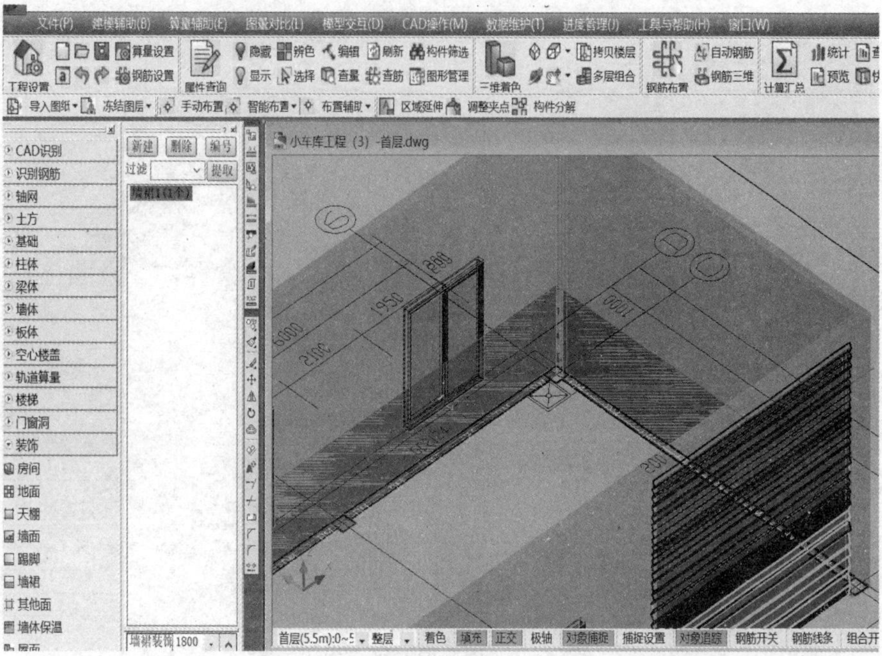

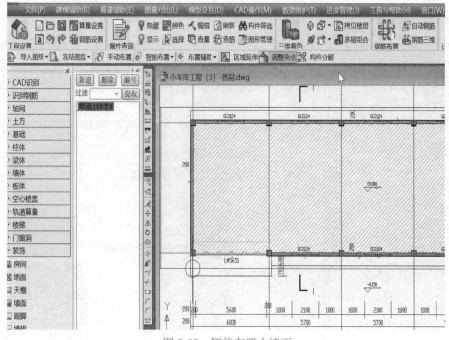

图 5-64　墙裙装饰布置后的三维图

3. 内墙面装饰布置

第一步，打开左边"装饰"按钮，点击"墙面"按钮，然后点击上部"智能布置"中的"矩形布置"，用鼠标框选内墙面位置，墙裙装饰布置完成，见图5-65。

图 5-65　智能布置内墙面

第二步，点击"三维着色"后，看到墙面装饰（有颜色变化）布置，见图5-66。

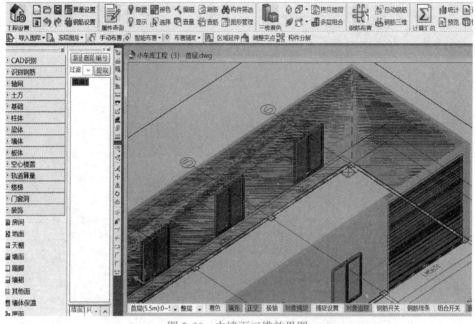

图5-66　内墙面三维效果图

4. 外墙面装饰布置

第一步，打开左边"装饰"按钮，点击"墙面"按钮，然后找屏幕左中间点击"编号"按钮弹出外墙面"定义编号"操作框，修改"构件编号"（墙面2）、修改"装饰材料类别"（块料面）修改"装饰颜色"（调整颜色），见图5-67。

图5-67　外墙面装饰数据确定

第二步，点击上部"智能布置"中的"矩形布置"，然后用鼠标框选外墙面位置，外墙裙装饰布置完成，见图5-68。

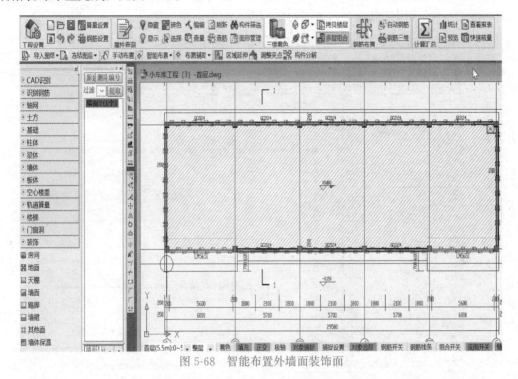

图5-68 智能布置外墙面装饰面

第三步，点击"三维着色"后，看到外墙面装饰（颜色有改变）布置，见图5-69。

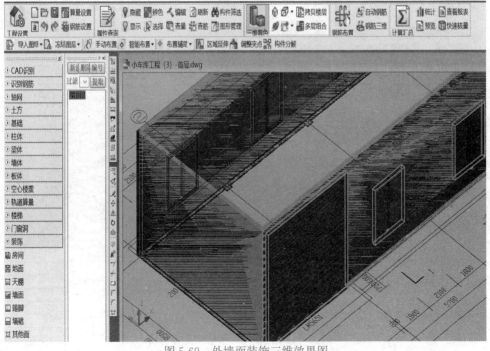

图5-69 外墙面装饰三维效果图

5. 室内天棚装饰布置

第一步，打开左边"装饰"按钮，点击"天棚"按钮，然后再点击上部"智能布置"中的"矩形布置"，用鼠标框选内墙面位置，内天棚装饰布置完成，见图5-70。

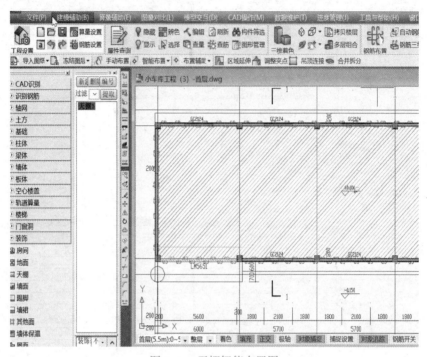

图 5-70　天棚智能布置图

第二步，点击"三维着色"后，看到内天棚装饰（颜色有改变）布置，见图5-71。

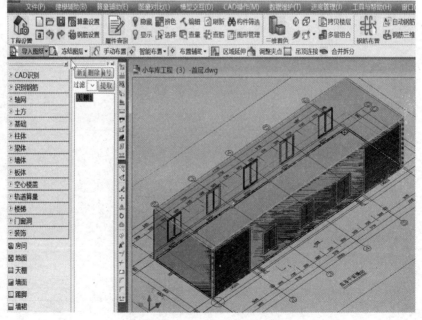

图 5-71　天棚装饰三维效果图

6. 檐口天棚装饰

第一步，点击左边"天棚"按钮，然后点击上部菜单"智能布置"中的"矩形布置"
按钮以后，用鼠标框选檐口天棚面，识别的檐口天棚斜线条面，见图5-72。

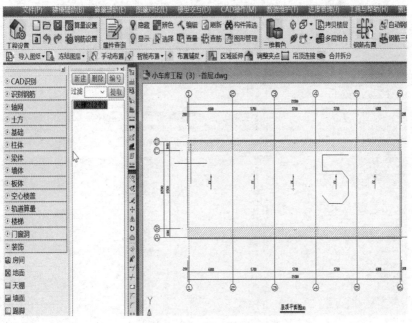

图5-72　识别的檐口天棚

第二步，点击"三维着色"后，看到檐口天棚装饰（有颜色改变）三维布置，见
图5-73（右下角）。

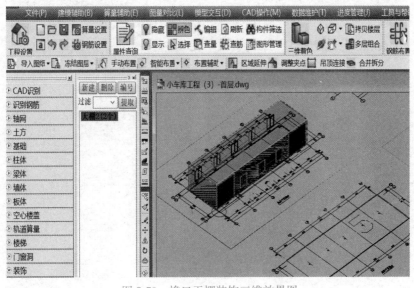

图5-73　檐口天棚装饰三维效果图

7. 屋面防水保温布置

第一步，打开左边"装饰"按钮，点击"屋面"按钮，然后找屏幕左侧中间点击"编

号"按钮，弹出屋面"定义编号"操作框，修改"构件编号"（屋面 1）、修改"屋面类型"（刚性屋面）、修改"保温材料"（水泥蛭石），见图 5-74。

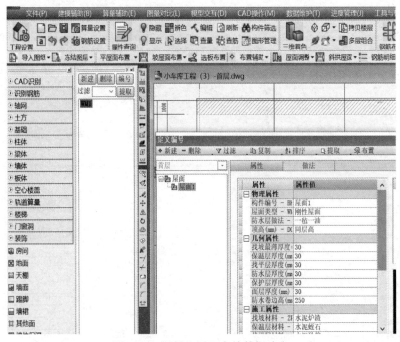

图 5-74 混凝土屋面有关数据确定

第二步，点击上部菜单的"平屋面布置"按钮中的"矩形布置"，然后用鼠标框选屋面，布置的屋面见图 5-75。

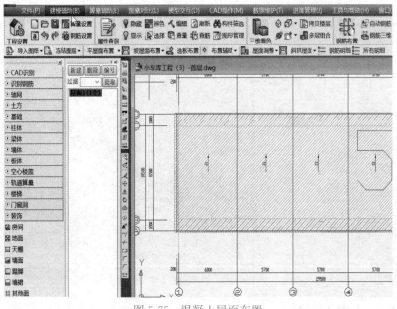

图 5-75 混凝土屋面布置

第三步，点击"三维着色"后，看到屋面（颜色有改变）三维布置，见图 5-76。

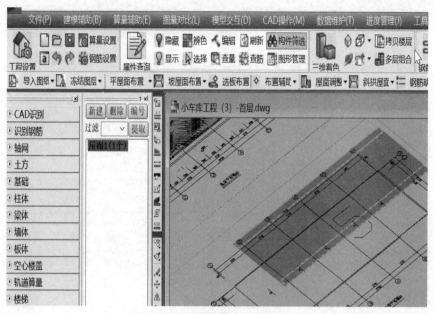

图 5-76 混凝土屋面三维效果图

8. 散水做法布置

第一步，打开左边"其他构件"按钮，点击"坡道"按钮，然后找屏幕左侧中间点击"编号"按钮弹出散水"定义编号"操作框，修改"构建编号"（散水 1）、修改"散水宽"（600mm），见图 5-77。

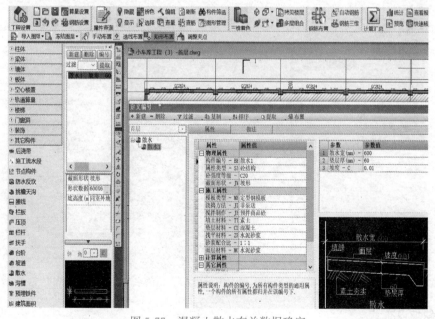

图 5-77 混凝土散水有关数据确定

第二步，点击上部菜单的"平屋面布置"按钮里的"矩形布置"，然后用鼠标框选"散水"，布置的散水见图 5-78。

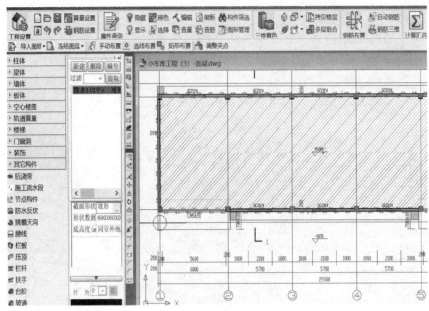

图 5-78　散水布置图

第三步，点击"三维着色"后，看到散水（颜色有变化）三维布置，见图 5-79。

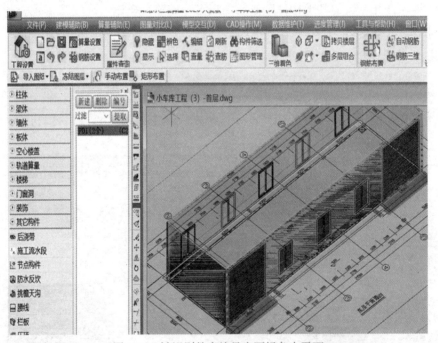

图 5-79　被识别的实施见窗下绿色水平面

9. 斜坡道布置

第一步，打开左边"其他构件"按钮后，点击"坡道"按钮，再点击上部菜单的"矩形布置"按钮，然后用鼠标框选坡道，布置的坡道见图 5-80。

第二步，点击"三维着色"后，看到坡道（有颜色改变）三维布置，见图 5-81。

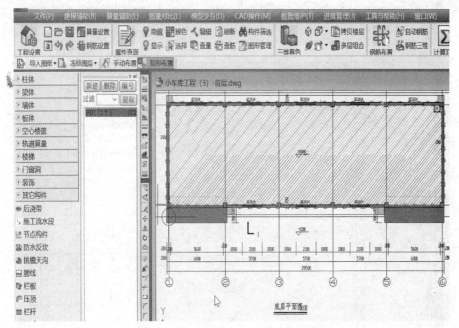

图 5-80　布置好的大门斜坡道

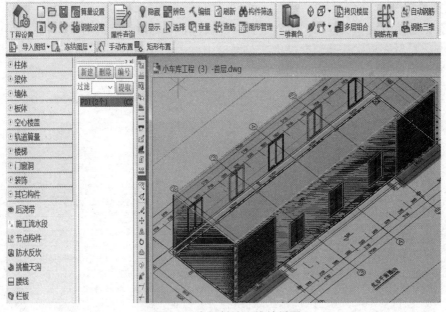

图 5-81　大门斜坡三维效果图

5.3.14　软件计算工程量

1. 工程量计算汇总

当工程全部识别和布置完以后，可以点击右上方"计算汇总"按钮，就可以计算出该工程的工程量，见"计算汇总"按钮图示，见图 5-82。

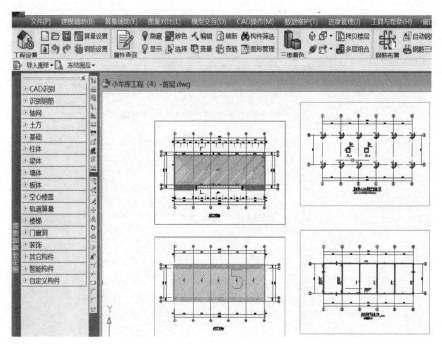

图 5-82 右上角计算汇总操按钮

2. 查看报表

计算汇总结束后，会弹出"工程量分析"表。表中列出了已识别的"小车库工程"的独基土方、混凝土独立基础、混凝土柱、混凝土梁、砌体墙等项目的工程量。到此为止，软件计算工程量的任务完成，见图 5-83。

序号	构件名称	工程量名称	工程量计算式	量单位	工程量	换算信息
1	坑槽	回填土方体积	VEHt+VZEHt	m3	173.64	
2	坑槽	挖土方体积	VEH+VZEH	m3	233.4	挖土深度(<=2;三类土;坑槽开挖形式=人工开挖
3	独基	基础底找平	Sd	m2	87.48	
4	独基	数量	NS	个	12	砼强度等级=C25;定型钢模板;预拌商品砼C25 P6;泵送
5	独基	独基体积	Vm+VZ	m3	43.08	砼强度等级=C25;预拌商品砼C25 P6;泵送
6	独基	独基模板面积	Sm+SZ	m2	21.6	定型钢模板
7	垫层	基底找平面积	Sd	m2	87.48	
8	垫层	第一层垫层体积	VPD+VZPD	m3	10.08	C15混凝土
9	砖模	抹砂浆面积	SBK+SCZ	m2	51.84	
10	砖模	砖模体积	VBK+VZBK	m3	6.48	标准红砖;M5水泥混合砂浆
11	柱	柱体积	Vm+VZ	m3	10.56	砼强度等级=C25;矩形;预拌商品砼;浇筑方法=泵送
12	柱	柱模板超高部分面积	SCCG	m2	105.6	支模高度=5.5;定型钢模板;矩形;超高次数=2
13	柱	柱模板面积	SC+SCZ	m2	105.6	支模高度=5.5;定型钢模板;矩形;超高次数=2
14	梁	单梁抹灰面积	IIF(PBH=0 AND BQ	m2	285.89	
15	梁	梁体积	Vm+VZ	m3	16.9	砼强度等级=C25;结构类型=屋面框架梁;预拌商品砼;矩形;泵送
16	梁	梁体积	Vm+VZ	m3	8.12	砼强度等级=C25;结构类型=普通梁;预拌商品砼;矩形;泵送;平
17	梁	梁模板面积	SDi+SL+SR+Sq+Sz+	m2	153.64	支模高度=-0.2;定型钢模板;结构类型=屋面框架梁;矩形;超高
18	梁	梁模板面积	SDi+SL+SR+Sq+Sz+	m2	84.54	支模高度=-0.2;定型钢模板;结构类型=普通梁;矩形;超高次数
19	砌体墙	砌体墙体积	iif(JGLX=幕墙 or	m3	63.88	M5水泥石灰砂浆;空心砖;模板高度=3600;直形
20	砌体墙	砌体墙超高体积	VCG	m3	63.88	M5水泥石灰砂浆;空心砖;模板高度=3600;直形

图 5-83 软件计算后输出的定额工程量计算表

复习思考题

1. CAD 工具使用之前工程量是如何计算的?
2. Auto CAD 有哪些特点?
3. Auto CAD 有哪些基本功能?
4. 能实现在 Auto CAD 平台完成工程量计算任务主要得益于平台哪两个方面的支持?
5. Auto CAD 在 Windows 平台上用什么语言可以进行二次开发?
6. "三维算量 For CAD"软件计算工程量时需要手工输入哪些数据和信息?
7. 在 Auto CAD 平台实现工程量计算功能需要哪些条件?
8. 在 CAD 平台计算小车库工程量时"工程设置"的内容有哪些?
9. 在软件操作界面点击什么按钮能够导入小车库 CAD 图?
10. 自动识别小车库 CAD 图轴网工作在软件操作的哪个阶段实施?
11. 导入车库结构施工图是在软件操作的哪个阶段?
12. 软件识别混凝土独立基础首先要点击哪个按钮?
13. 识别独基挖土方地坑需要点击哪几个操作按钮?
14. 识别混凝土框架柱首先需要点击哪个按钮?
15. 显示框架柱彩色三维效果图需要点击什么按钮?
16. 识别混凝土地梁首先需要点击哪个按钮?
17. 识别混凝土屋面梁首先需要点击哪个按钮?
18. 软件是如何识别砌体墙的?
19. 软件是如何识别混凝土屋面板的?
20. 阐述软件是如何完成墙裙装饰布置的?
21. 阐述软件是如何完成斜坡道布置的?
22. 简述软件是如何汇总工程量的?

6 应用BIM模型计算工程量

6.1 BIM 模型简述

6.1.1 BIM 的概念

BIM 是建筑信息模型（Building Information Modeling）的缩写，是基于最先进的三维数字设计和工程软件所构建的"可视化"的数字建筑模型。

由于建筑信息模型需要支持建筑工程全生命周期的集成管理环境，因此建筑信息模型是一个包含有数据模型和行为模型的复合结构。

目前，有较多的工具软件可以用三维数字技术建立建筑信息模型（简称模型），例如有 Revit、Bentley、Tekla 等建模软件，Revit 是较典型且使用较广泛的建模软件。

BIM 建模的最大特性是可视化性和模拟性。可视化性是在设计和使用模型时以"所见所得"的形式表现出来，具有很强的直观性；模拟性是指在计算机上可以运用模型进行施工准备、施工方案、施工进度、工程质量控制、安全控制、成本控制等方面的模拟，建筑物还在图纸阶段或者在建阶段能够直观地模拟各种进程和预见各种情况。

6.1.2 BIM 模型的构架

BIM 模型是设施的所有信息的数字化表达，是一个可以作为设施的虚拟替代物的信息化电子模型，是共享的信息资源。

人们常以为 BIM 模型是一个单一的模型，但到了实际操作层面，由于项目所处的阶段不同、专业分工不同、实现目标不同等多种原因，项目的不同参与方还必须拥有各自的模型，例如场地模型、建筑模型、结构模型、设备模型、施工模型、造价模型、竣工模型等。这些模型是从属于项目总体模型的子模型，但规模比项目的总体模型要小。

所有的子模型都是在同一个基础模型上生成的，这个基础模型包括了建筑物最基本的构架，包括场地的地理坐标与范围、柱、梁、楼板、墙体、楼层、建筑空间等，而专业的子模型就是在基础模型上添加各自的专业构件和各种数据信息形成的，这里专业子模型与基础模型的关系就相当于一个引用与被引用的关系，基础模型的所有信息被各个子模型共享。

6.2 BIM 模型的构成单元

6.2.1 BIM 模型的族

现行 CAD 绘图作业中组成图纸说明的最小单位为线条,由数条线条闭合组成平面,再由各平面形象化建筑物外观、剖面、细部图说等,线条与线条间是无任何关联的。

BIM 模型由各式各样的族所组成。BIM 模型的最小单元是"族",即再复杂的 BIM 模型都是由"族"构成的。

组成 BIM 模型的基本元素是模型组件(族),组件自身的几何数据与非几何数据具有连动性,例如,柱子的大小会随着长宽高数值调整而变化,以维持数据之间的一致性。进而,组件与组件之间会根据所属的系统分类而具有关联性。例如,在墙组件上面有放置门组件的情况,当移动墙的位置时,门的组件因为其对于墙的关联性而随着移动。

族分为常规构件族和特定构件族。在一个项目模型中,常规构件族可以通过设定现有的参数进行控制,从而实现在项目中的独特性与适用性。而往往项目中无法通过常规族进行搭建的就必须找到特定族,如果在族库中存在特定的族库可以直接调用,那么进行参数控制即可满足项目所需。当然族库不是万能的,有些项目上需要的族在族库中可能无法找到直接调用,那么就需要我们自行创建一个符合项目所需的特定族。

6.2.2 BIM 模型族的内容构成

图 6-1 所示是一个框架结构模型,该建筑物有两层,楼梯间通到屋面。该工程的结构构件是由若干个"族"构建而成的。

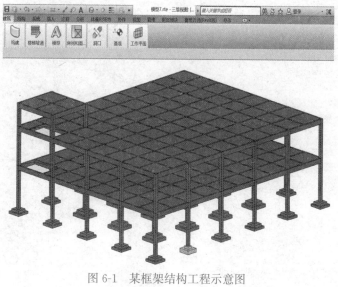

图 6-1 某框架结构工程示意图

图 6-2 显示了"二阶独立基础族"的所在位置和有关数据。模型中所示浅色的"二阶独立基础",在"属性"栏里反映出这个"基础族"的形状和名称,以及该二阶独立基础

的体积为 1.988m³。

"族"构成
Revit 模型

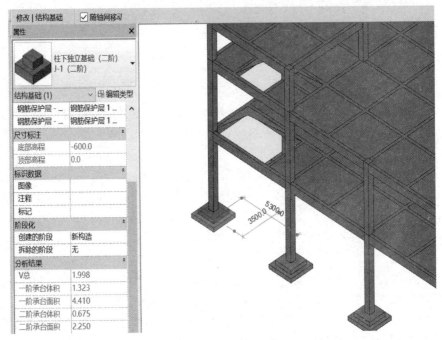

图 6-2 某框架结构独立"基础族"示意图

图 6-3 显示了混凝土"柱族"的所在位置和有关数据。模型中所示浅色的"混凝土柱族",在"属性"栏里反映出这个"柱族"的形状和名称,以及该柱的体积为 1.033m³。

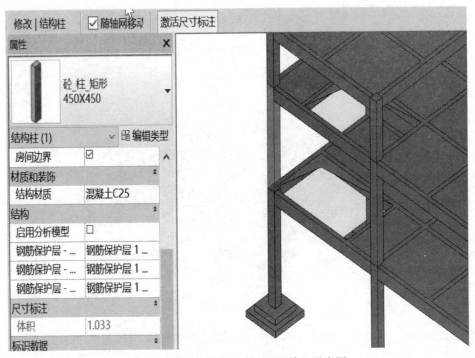

图 6-3 某框架结构混凝土"柱族"示意图

图 6-4 显示了混凝土"梁族"的所在位置和有关数据。模型中所示浅色的"混凝土柱族",在"属性"栏里反映出这个"柱族"的形状和名称,以及该柱的体积为 1.043m³。

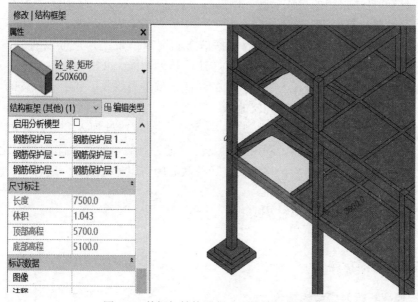

图 6-4　某框架结构混凝土"梁族"示意图

图 6-5 显示了混凝土"板族"的所在位置和有关数据。模型中所示浅色的"混凝土板族",在"属性"栏里反映出这个"柱族"的形状和名称,以及该柱的体积为 1.402m³。

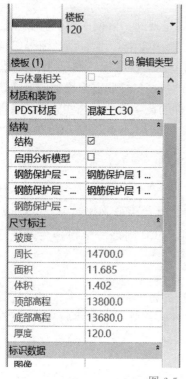

图 6-5　某框架结构混凝土"板族"示意图

通过上述举例，我们可以清楚地看到，举例的框架结构模型就是由基础族、柱族、梁族、板族等族构建而成的。

Revit 建模软件中采用的"族"就好像搭积木房子的积木块，有了这些积木块就可以很方便地建立各种建筑模型。

不同的是，Revit"族"中有丰富的数据信息和文字信息，并且可以通过改变参数，移植到其他模型中去，使"族"发挥强大的三维立体的功能。

用"族"构建的建筑模型还有一个强大的功能，就是当修改了其中一个族的尺寸，与此相关的其他族的尺寸会自动调整和修改。

基本单元参数式族是建立 BIM 模型的一项特色。通过对族加入参数，可对包含于每个族群或类型中的信息加以控制，利用数值及公式定义对象，使对象能随时变化。例如，楼板与屋顶外墙相连接，当外墙被移动时，相关联的墙与屋顶边缘会一起移动。

6.3 BIM 模型与 CAD 图纸的不同点

6.3.1 BIM 模型的特点

1. 数据模型与行为模型相结合

建筑模型除了包含与几何图形及数据有关的数据模型外，还包含与管理有关的行为模型，两者结合通过关联为数据赋予意义，因而可用于模拟真实的建筑施工过程的全部行为。例如模拟施工准备、施工进程、质量管理、安全管理、成本控制等全部过程。

2. 面向对象的灵活性和建筑组件信息的丰富性

BIM 技术建模是以 3D 技术为基础，并以数据库的方式呈现的。数据库模型有关联性及面向对象的特性。应用 3D 技术将数个建筑组件，例如柱、梁、墙、板、门、窗等组合成一栋建筑物。建筑组件（族）包涵丰富的参数信息，如包括组件（族）的尺寸、类型、材质、编号、单价等。使用者亦可依照自己的角色、项目的执行目按照需求增加或删减建筑组件（族）的参数和内容。其组件包含许多可运算与处理的数字信息，这些数字信息可被程序系统自动管理，且单个组件可供不同项目使用。

6.3.2 BIM 模型与 CAD 图纸的不同点

1. Revit 是一个独立的软件

AutoCAD 是从二维出发兼顾三维形象的，而 Revit 是从三维出发必然包含二维模型。例如 CAD MEP 就是在 CAD 基础上集成一个插件，Revit MEP 则是一个很强大的独立软件。

2. Revit 可以进行多视图三维设备布置

Revit 可以从平、立、剖及三维视图进行多视图三维设备布置，同时有多重尺寸进行精确定位，从而生成正确无误的整体模型。而 AutoCAD 只能在单一视图进行构件定位，然后才能生成三维模型。

3. Revit 有强大的联动功能

Revit 有强大的联动功能，所以才能在 BIM 建模过程中提供协调一致的数据信息流程。体现在修改模型时候，其他相关视图都会自动进行更新，同时设备修改时候出现自动尺寸提示，可以方便地进行模型重新定位。这个功能特点能帮助设计师大大减少工作量，降低建模难度，提高工作效率，最重要的是在于保持建模过程中参数的一致性。Auto-CAD 三维修改时候必须在平面视图进行更新，然后要手动进行立面、剖面的更新，无法直接从三维模型进行其他视图的自动更新。

4. Revit 可以方便地进行断面视图的生成

Revit 可以方便地进行断面视图的生成，而且生成的断面视图是活动的，既可以根据要求进行隐藏或者添加新的设备，同时其他视图会自动进行更新。

AutoCAD 中的断面视图是整体块的形式，无法单独编辑，只能查看。

5. Revit 族就是参数化构件

Revit 族就是参数化构件，通过参数设计三维设备可以由多个属性参数进行定位，能够根据项目的要求进行模型外观样式大小的复杂变化，只需修改相应项目文件的参数就可以得到理想的模型文件，并且方便设计师在建模过程中文件的调用和存储。AutoCAD 三维设备只能依据特性进行简单大小变化。

6. Revit 是专门的三维设计软件

Revit 是专门的三维设计软件，因此不需要以二维底图为参照进行设计，是直接从三维设计抽取施工图纸的，可大大提高建模效率，精确数据减少失误。并且可以在设计过程中整合设计资源，进行汇总，为 BIM 的各个阶段提供统一的数据信息模型。

7. BIM 模型的基本建构概念是将模型参数化

BIM 模型的基本建构概念是将模型参数化，此方式不同于以往 CAD 图纸数据仅为向量数据，在 BIM 的数据库中，每项对象皆是参数化建置而成，故使用 BIM 系统绘制建筑工程图时，只需从 BIM 数据库选取所需之对象，即可建构出 BIM 模型。

6.4 工程量计算 BIM 模型要求

6.4.1 模型单元

建筑信息模型包含丰富的模型元素，用来表达工程对象的模型及其承载的信息组成了一个有机整体，具有明显的单元化架构特征。因此，模型单元是建筑信息模型的基本组成，也是基本处理对象。

例如，在施工图交付阶段，构件级模型单元大量出现，继而在深化设计以及采购、安装过程中，这些模型单元往往会迭代为明确的厂家产品。例如窗户，其作为构件级模型单元，从设计师的要求到厂家生产，再到安装完毕的过程中，均可作为独立的处理对象。

由于技术条件的限制和实际操作的需要，建筑信息模型所包含的信息不一定能够全部以几何方式全部可视化表达出来。例如家具，在某些要求下，可通过二维的方式制图，但其对应的属性信息可具备更加丰富的信息内容，包括椅子的重量、体积、材质等。此类情况下，应以模型所承载的非几何信息作为优先的有效信息。

为了保障建筑信息模型信息有序而规范地传递，模型单元的描述方式关系到数据应用时能否进行数据定位。因此有必要制定共同规则，约束模型单元的输入。模型单元分为实体属性两个维度，在传递过程中几个关键因数应被重点考虑。

模型单元的所处系统分类是建筑物或构筑物的首要构成逻辑，也就是建筑物所包含的工程对象，是依据建筑系统、其他建筑构件系统、给水排水系统、暖通空调系统、电气系统智能化系统和动力系统组织在一起并完成特定的功能使命。因此，界定模型单元的系统分类，有助于厘清建筑信息模型脉络，并使之与实际设计过程和使用功能一一对应起来。

部分模型单元之间是有关联性的，特别是属于同一系统之内。充分的关联关系使模型单元能够链接为有机整体。这样，模型才能够充分表达系统性能。

模型单元所承载的信息，依靠属性来体现。同时属性定义了模型单元的实质，即所表达的工程对象的全部事实。

6.4.2　模型精细程度分级

计算工程量的建筑信息模型需要具备较多的数据与信息。《建筑信息模型设计交付标准》GB/T 51301—2018 中对建筑信息模型作了如下要求。

1. 建筑信息模型所包含的模型单元应分级建立，分级应符合表 6-1 的规定。

模型单元的分级　　　　　　　　　　　　　　表 6-1

模型单元分级	模型单元用途
项目级模型单元	承载项目、子项目或局部建筑信息
功能级模型单元	承载完整功能的模块或空间信息
构件级模型单元	承载单一的构配件或产品信息
零件级模型单元	承载从属于构配件或产品的组成零件或安装零件信息

2. 建筑信息模型精细度划分

建筑信息模型包含的最小模型单元应有模型精细度等级来衡量，其等级划分应符合表 6-2 的规定。另外，根据项目的对模型精细度应用要求，可以在基本精细度等级之间扩充模型精细度等级。

模型精细度基本等级划分　　　　　　　　　　表 6-2

等级	英文名	代号	包含的最小模型单元
1.0 级模型精细度	Level of Model Definition 1.0	LOD1.0	项目级模型单元
2.0 级模型精细度	Level of Model Definition 2.0	LOD2.0	功能级模型单元
3.0 级模型精细度	Level of Model Definition 3.0	LOD3.0	构件级模型单元
4.0 级模型精细度	Level of Model Definition 4.0	LOD4.0	零件级模型单元

考虑到多种交付情况，模型单元划分为四个级别。

项目级模型单元可描述项目整体和局部；功能级模型单元由多种构配件或产品组成，可描述诸如手术室、整体卫浴等具备完整功能的建筑模块或空间；构件级模型单元可描述墙体、梁、电梯、配电柜等单一的构配件或产品。

多个相同构件级模型单元也可成组设置，但仍然属于构件级模型单元；零件级模型单元可描述钢筋、螺钉、电梯导轨、设备接口等不独立承担使用功能的零件或组件。模型单元会随着工程的发展逐渐趋于细微。模型单元可具有嵌套关系，低级别的模型单元可组合成高级别模型单元。

尽管有一些争议，然而鉴于"模型精细度"（LOD）是比较普遍的概念，本标准采纳了这个说法，这样更有利于顺畅地理解建筑信息模型的发展程度。为了规避版权风险，将 LOD 等级命名为 LOD1.0、LOD2.0、LOD3.0 和 LOD 4.0，也就是将建筑信息模型划分为四个等级的精细度。

6.5 国内应用 BIM 模型计算工程量现状

6.5.1 设计院交付的建筑模型

目前，各企业可以应用设计院交付的建筑信息模型来计算工程量。

设计院交付的建筑模型由于精度不够，一般不能直接用来计算工程量。需要进一步细化后，精度达到要求后计算工程量。

6.5.2 通过"翻模"构建建筑信息模型

1. 翻模

采用设计院交付的 CAD 施工图，用软件建立并深化为建筑信息模型，俗称"翻模"。

依据 CAD 图纸，应用翻模软件，根据要求输入各种相关数据，将二维平面图翻模为三维立体建筑物。

将 CAD 图翻为建筑信息模型，有专门的软件，例如"品茗 BIM 智能建模翻模""uniBIM""晨曦 BIM 智能翻模""橄榄山翻模"等软件。也有与算量软件合为一体的翻模软件，即具有翻模功能的算量软件，例如"三维算量 For CAD""鲁班算量""广联达算量"等软件。

2. 翻模的局限性

目前，大多数设计单位都是交付 CAD 图，所以各软件公司都开发了将 CAD 图"翻为"建筑信息模型的软件。由于没有标准，各软件公司依据 CAD 图翻模出来的建筑信息模型没有通用性。

6.5.3 直接应用建筑信息模型

这里所说的直接使用建筑信息模型是指设计院交付的建筑信息模型，是用 Revit、Tekla、Bently 等平台设计的建筑信息模型。

虽然各软件开发商各自开发了各种建模软件，但是这些软件没有统一的标准，所以各软件公司在软件的文件格式、数据结构等方面各自为政，建筑信息模型是不能通用的。

目前，国内已经有可以直接将 Revit 建筑信息模型导入工程量计算平台，稍加处理，就可以快速完成工程量计算工作。例如"三维算量 For Revit"就能完成直接用 Revit 建模，计算工程量。

6.6 应用建筑信息模型计算工程量的实现路径

6.6.1 选择建模平台

建筑信息模型是一个包含文字说明、计量单位、工程数量、空间位置等内容的三维可视化和信息化的数据库（数据集合）。其重要特征是可以根据需要不断增加各种信息且可以数据共享。

虽然现有的BIM软件，例如Revit、Tekla等都可以计算工程量，但是由于系统中没有设置和建立符合我国各省市规定的预算定额（或规范）及工程量计算规则所对应规则以及数据库，不能计算出符合要求的工程量。因此，凡是采用现有的建模平台，都需要进行二次开发，才能运用建筑信息模型，实现符合我国工程量计算规范或者规则要求的工程量计算。

在现有建模平台上进行二次开发解决工程量计算问题是一个正确的选择。因为自己开发软件进行建模一是需要花费巨大的精力；二是可能所建模型交换性较差。

6.6.2　应用建筑信息模型计算工程量的主要条件

1. 建模标准
建模标准是规范、应用、推广建筑信息模型的基础性工作条件和依据。设立我国的建模标准将有利于应用建筑信息模型计算工程量的全面推广，提高工程成本的控制精度和效率。

2. 有利于应用模型计算工程量的计算规则
目前的工程量计算规则是为手工计算工程量设置的，没有从方便计算机计算工程量方面考虑。所以，要研究和制订有利于应用模型计算工程量的计算规则。

3. 研究工程量计算有规律的方法
工程量计算有规律的方法就是要构建系列工程量计算数学模型。例如，运用统筹法计算工程量就是一个很好的方法。

6.6.3　理想的工程量计算软件

在现有建模平台上开发工程量计算插件解决工程量计算问题，理想的功能需要包括以下几个方面：

理想的工程量
计算软件

1. 自动识别建筑模型智能调整差异
各建模软件构建的建筑模型总有一些差异，工程量计算软件是事先设计好的，智能调整各模型与工程量计算软件之间的差异是后续准确计算工程量的基本保障。

2. 智能列出分项工程项目
根据建筑模型和选定的定额（计算规范），自动列出单位工程全部分项工程项目，智能判断和检查套用的定额编号（清单编码），智能判断是否漏项和重项。

3. 智能复核工程量
当计算机根据建筑模型和工程量计算规则自动算出一项工程量数量后，运用历史工程量计算数据库对应的数据，智能复核该项工程量计算的准确程度。

4. 显示计算过程
可以根据需要，显示某一项工程量计算过程，说明计算方法和处理方法。智能显示复杂工程量计算过程，提示人工干预的具体内容。

5. 自动储备工程量指标
自动将建筑模型计算出的工程量转换为工程量指标（例如 m/建筑面积）储备到工程

量指标数据库，为智能复核工程量和编制工程估算提供数据。

6. 用户建定额库

工程量计算软件要提供给用户建立定额库、工程量计算规则库等功能。具有为后续建立企业定额库的功能。

6.7 应用 BIM 模型计算工程量软件内容简介

国内某软件公司开发的 BIM 工程量计算软件可以直接导入 Revit 模型直接计算工程量，具体操作介绍如下。

Revit 平台工程设置

6.7.1 工程量计算前的准备工作

1. 打开软件导入建筑信息模型（图 6-6）

图 6-6 导入建筑信息模型示意图

2. 工程设置

（1）选择计价模式与计价定额

需要选择确定该工程采用"工程量清单计价模式"还是"定额计价模式"。当选择了清单计价模式就要按照"××专业工程量计算规范"的工程量计算规则计算工程量；当选择了定额计价模式时，要按照"××地区××专业计价定额"的工程量计算规则计算工程量，见图 6-7。

需要说明的是，计价定额是一个统称，包括计价定额、预算定额、消耗量定额、综合定额估价表、清单计价定额、概算定额、估算定额等。

图 6-7　选择清单计价模式示意图

选择确定计价模式后，还要选择配套的地区计价定额。例如本工程在安徽地区，选择了"安徽省建筑工程消耗量定额（2018）"和"安徽省安装工程消耗量定额（2018）"，见图 6-8。

图 6-8　选择地区计价定额以及室内外高差设置示意图

（2）设置室内外地坪高差

室内外地坪高差是计算机能够自动计算挖基础土方、室内地坪回填土、外墙装饰、垂直运输高度等工程量的依据。本工程的室内外地坪高差为 300mm，见图 6-8。

（3）层高设置

一般情况下，预算定额中梁、板、墙、柱的现浇构件支模所需的人工、材料、机械台班消耗量，是按建筑物层高 3.60m 及以内编制的。建筑物超过 3.60m 部分，可以计算超高工程量，然后套用增加层高部分的模板制、安、拆的预算定额项目，增加计算超高部分的模板费用。使用 BIM 工程量计算软件时，要将这个条件输入计算机，然后软件才能自动计算现浇构件超高部分的模板工程量。超高输入见图 6-9。

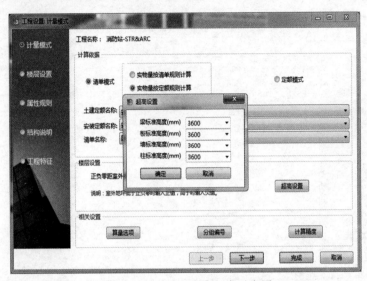

图 6-9　软件设置层高超高示意图

（4）确认工程量规则

下面的窗口弹出计算规则对话框，工程量输出、扣减规则、参数规则、规则条件取值、工程量优先顺序、安装计算规则等在这里设置（图 6-10）。

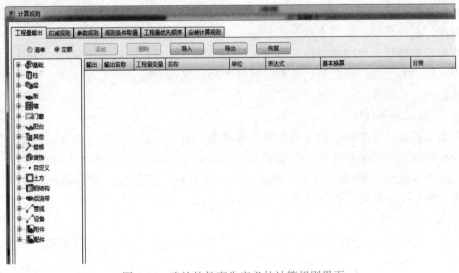

图 6-10　确认软件事先定义的计算规则界面

1）工程量输出

是指确认输出"清单工程量""定额工程量"。按照××专业工程量计算规范的工程量计算规则计算的工程量称为"清单工程量"；按照××地区计价定额的工程量计算规则计算的工程量称为"定额工程量"。图 6-11 为清单工程量计算规则混凝土独立基础的工程量输出设置。如果有变化，还可以删除或者添加。

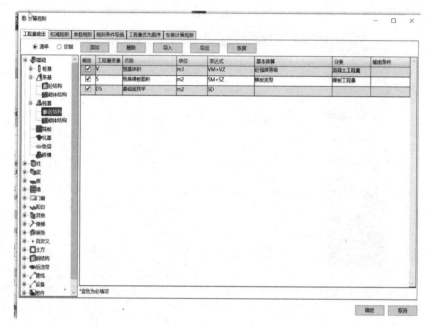

图 6-11　清单工程量计算规则工程量输出设置界面

2）扣减规则

是指清单工程量计算规则或者定额工程量计算规则中的扣减规则。这些规则都明确了在依据施工图计算工程量时，哪些面积或者体积不扣除，哪些面积或者体积要扣除的规定。例如，在计算现浇混凝土墙时不扣除 $0.30m^2$ 以内的孔洞面积等。

清单工程量计算规则和各地区计价定额的工程量计算规则已经预装在软件中，可以直接使用。使用时可以打开预装的工程量计算扣减规则检查确认，也可以添加新的工程量计算扣减规则，见图 6-12。

3）计算规则条件取值

是指工程量计算规则中确定其中各项参数值。例如，某地区计价定额工程量计算规则规定，有放坡的带形基础挖土方且有混凝土垫层时，工作面宽取值 300mm；又如，挖三类土的放坡系数为 0.33 等。这些参数要根据本工程的实际情况确定后输入计算机，然后计算机才能根据这些参数正确计算工程量（图 6-13）。

4）工程量计算先后顺序

计算工程量是有先后顺序的。例如，计算墙体工程量时需要扣除门窗洞口面积，所以应该按照顺序先计算门窗工程量。又如，构件的计算顺序，首先按楼层顺序比较，楼层越低的构件优先，即楼层低的构件工程量不扣，楼层高的构件才被楼层低的构件扣减（图 6-14）。

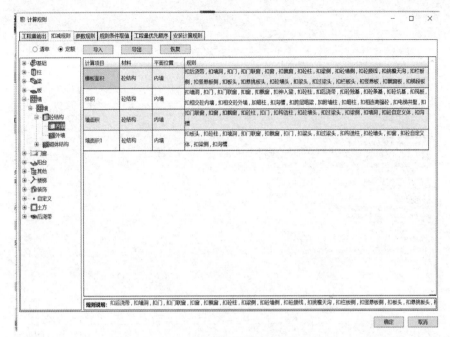

图 6-12 工程量计算扣减规则界面

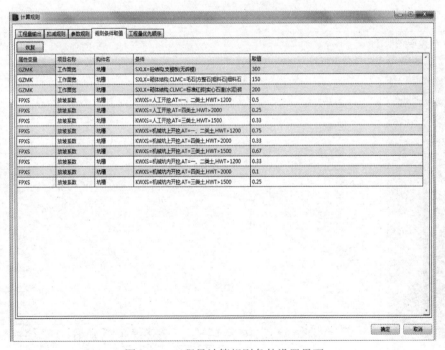

图 6-13 工程量计算规则条件设置界面

3. 楼层设置

主要是设置建筑物各楼层的标高（图 6-15）。

层高是划分楼层的依据，上、下两层相邻的被选中的标高，将作为楼层的顶标高和底标高，软件才能根据工程需要选择对应的标高，生成与楼面相关的工程量。

图 6-14　工程量计算先后顺序设置界面

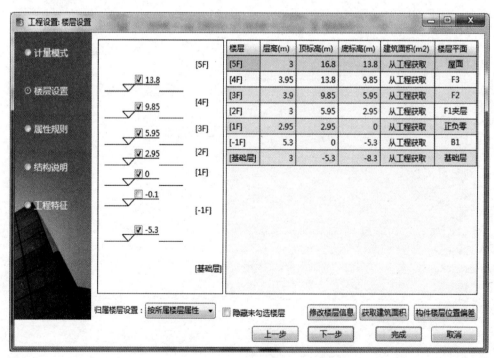

图 6-15　楼层标高设置界面

重要说明：如果软件能自动读取 Revit 模型工程中已创建的标高（因为我们已经将建筑信息模型导入软件），就会自动显示出来，只要确认就可以了（图 6-16 显示的识别楼层表）。否则，需要人工输入建筑物的全部层高信息。

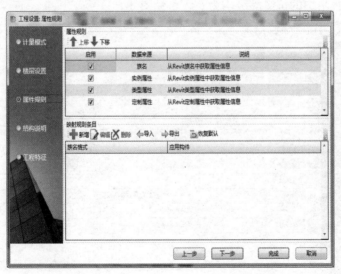

删除	▼	*层号	▼	*标高	▼	层高
1	匹配行	层号		底标高		层高
2	☐	屋面		13.8		3
3	☐	F3		9.85		3.95
4	☐	F2		5.95		3.9
5	☐	F1夹层		2.95		3
6	☐	正负零		0		2.95
7	☐	B1		-5.3		5.3

☑ 删除多余结构平面   行列互换   新增行   删除勾选行   识别表格   创建楼层

图 6-16　自动显示的识别楼层标高界面

4. 属性规则

当工程量计算软件可以直接识别 Revit 模型时，就能够快速地从 Revit 模型的族名、实例属性、类型属性中获取材质、强度等级、砂浆等级材料等信息，计算各项工程量。

工程量计算软件也可以由开发商自行定义非 Revit 模型格式的其他模型格式，自行定义各种属性规则。这时，各软件之间没有统一的标准，建筑信息模型及工程量计算结果数据只能在自己开发的工程量计算软件上运行使用。

下面是可以识别 Revit 模型格式的工程量计算软件，共享了 Revit 模型原来全部属性资源的界面（图 6-17）。

图 6-17　自动获取 Revit 模型属性资源界面

5. 结构说明

设置整个工程的构件材料和强度等级、结构的抗震等级、砌体材料以及结构类型等设置。这些内容与工程量计算息息相关，也包括与钢筋工程量计算取值相关。

（1）混凝土设置

主要是确定混凝土类型和强度等级，例如，楼层的柱、梁、板采用C30强度等级的商品混凝土（图6-18）。

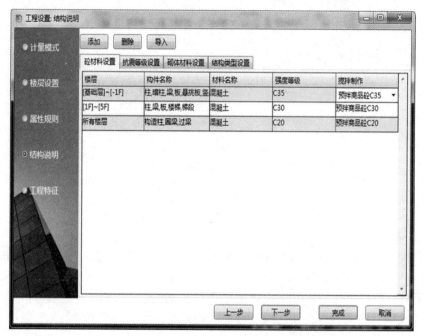

图6-18　混凝土构件类型与强度等级设置界面

（2）抗震等级设置

例如，本工程结构的抗震等级均为2级，见图6-19。

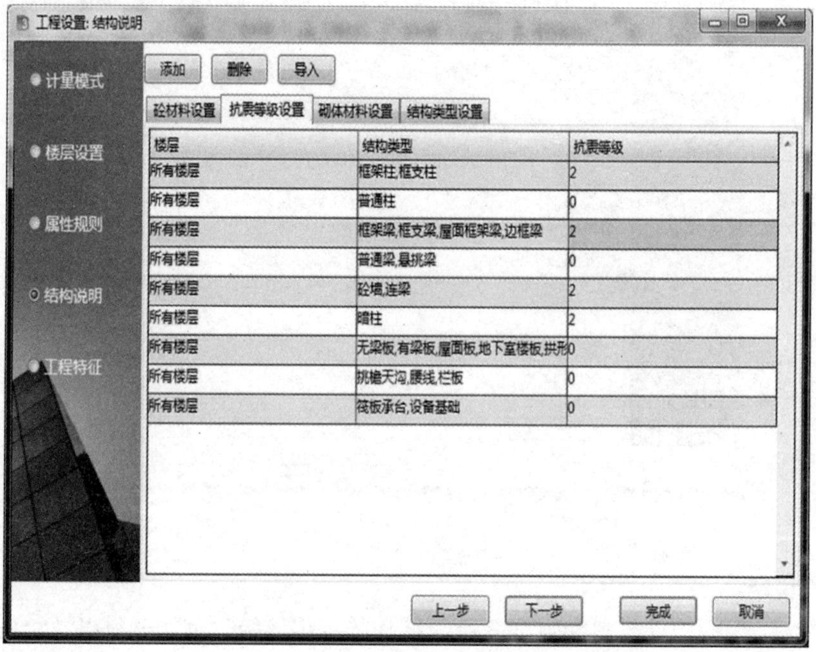

图6-19　抗震等级设置界面

（3）砌体材料设置

例如，本工程的所有墙体设置为加气混凝土砌块 M5 水泥砂浆砌筑（图 6-20）。

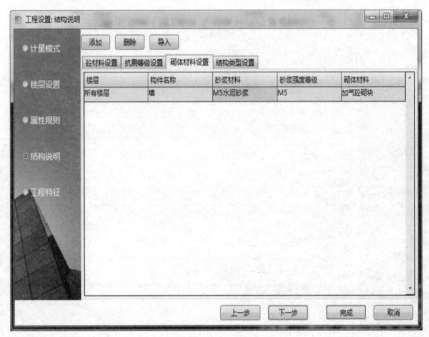

图 6-20　砌体材料设置界面

（4）结构类型设置

结构类型是软件设计时自主定义的构件类型的分类与名称及编码代号。例如，本工程的结构类型及代号定义见图 6-21。

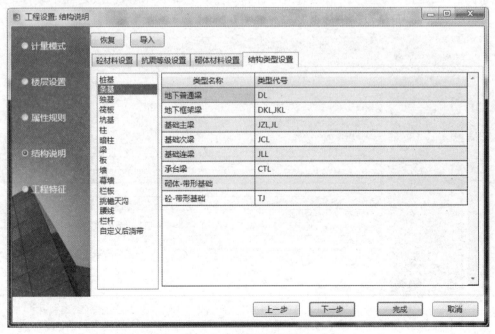

图 6-21　结构类型及代号定义界面

6. 工程特征

工程特征设置页面内容包括工程概况、计算定义、土方定义、安装特征等内容。

（1）工程概况

包括建筑面积确定、结构特征、使用材料等信息。这些信息是计算脚手架工程量、确定垂直运输项目的依据（图6-22）。

图 6-22　工程概况定义界面

（2）计算定义

计算定义是指确定有关计算内容或者计算属性。例如，外墙保温层是否计算钢丝网项目、确定天棚标高与楼板标高的高度差等（图6-23）。

图 6-23　工程计算定义界面

（3）土方定义

一般每个工程都会发生土方工程量。为了让计算机软件自动确定挖土项目和计算土方工程量，就需要事先给定各种参数。包括土壤类别、人工或者机械挖土、地下水位深度、基础垫层现浇是否支模等参数信息。例如，地下水位深度信息是确定计算挖干土工程量或者湿土工程量的重要依据（套用不同的计价定额项目），见图6-24。

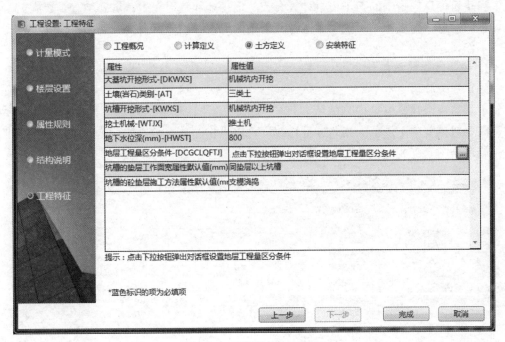

图6-24 工程计算定义界面

7. 工程量计算准备工作小结

当前，不管采用什么工程量计算软件，都需要将计算条件和数据事先输入计算机。

为什么呢？因为计算机没有真正的思维判断能力，不能像人一样自己从建筑信息模型或者图纸中找到计算条件和数据，所以只有事先将全部信息与数据输入计算机，然后计算机才能根据人们给予的各种数据完成工程量计算工作。

计算机能够计算工程量，是通过软件实现的，而软件是程序员编写的，工程造价专家将一整套怎样依据工程量计算方法和工程量计算规范或者规则告诉程序员后，程序员才能完成工程量计算软件的编制工作。

可以这样说，计算机本身什么也不会，只能按照程序执行每一个步骤，程序出错或者输入的数据出错了，计算结果就是错误的。

所以，工程量计算的各种条件和参数，如果导入的建筑信息模型没有包含，那么就要人工确定和输入。目前，几乎每一种工程量计算软件都需要人工设置有关参数。例如，要输入建筑面积，后面计算机可以依据建筑面积计算脚手架费用（计价定额规定）；又如，输入室内外地坪高差，计算机才能计算基础挖土方工程量；还有，人工确定现浇混凝土构件的强度等级，以便套用计价定额和确定混凝土单价等。这就要求使用软件计算工程量的人也要具备工程造价的相关知识和掌握计算方法。

6.7.2 模型映射

映射是个术语，指两个元素的集之间元素相互"对应"的关系。这里的模型映射就是将建筑信息模型中与工程量计算有关的信息映射到工程量计算信息库中，并建立对应关系，并且可以将这些信息在建筑信息模型中显示出来，直观地供人们检查和调用。

当建筑信息模型中的与工程量计算有关的信息全部映射完后，需要检查是否满足工程量计算的需要，如果不满足就要继续补充新的信息内容，所以在模型映射阶段要按程序做很多工作。

1. 模型映射前准备

（1）规范族名

不是每一个建筑信息模型的族名规定与工程量计算软件的规定一致，所以模型映射前，需要对模型中不规范的族名进行修改，可以点击"族名修改"，该软件可以实现批量修改族名（图 6-25）。

图 6-25 批量修改族名界面

（2）修改混凝土强度等级

根据工程的建筑说明及结构说明，需要核对模型中的材质和混凝土强度等级，如果不符合就要进行修改。所以软件提供了批量修改构件的混凝土材料等级、抗震等级、砂浆强度等级等信息的功能。修改混凝土强度等级的界面见图 6-26。

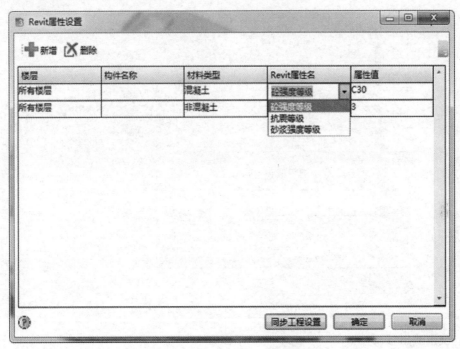

图 6-26　批量修改混凝土强度等级界面

2. 模型映射（一）

建筑信息模型映射为工程量计算模型见图 6-27。

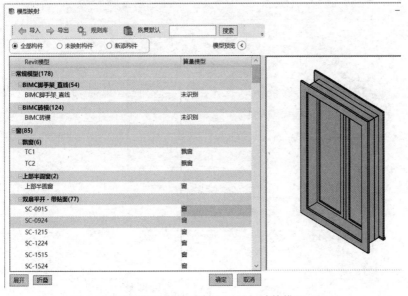

图 6-27　建筑信息模型映射为工程量计算模型（一）

3. 模型映射（二）

建筑信息模型映射为工程量计算模型见图 6-28。

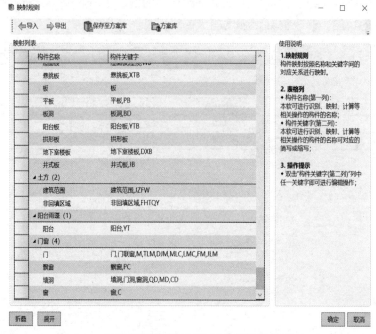

图 6-28　建筑信息模型映射为工程量计算模型（二）

4. 模型映射（三）

建筑信息模型映射为工程量计算模型见图 6-29。

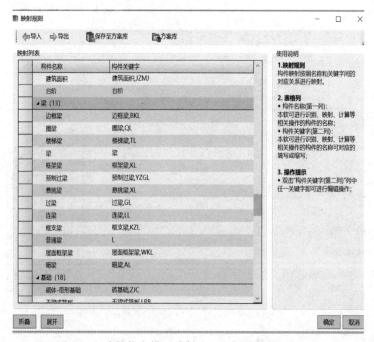

图 6-29　建筑信息模型映射为工程量计算模型（三）

5. 未映射构件

未映射构件见图 6-30。

6. 未识别构件处理

点击模型映射按钮，弹出"模型映射"对话框，在点击"全部构件"后，发现未识别构件，见图 6-31。

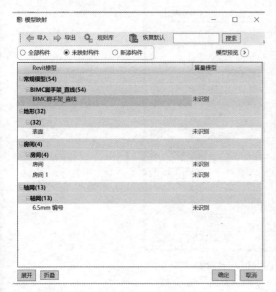

图 6-30　未映射构件

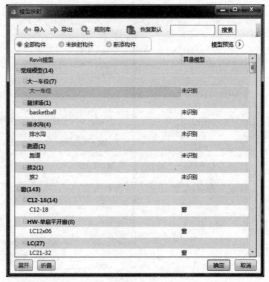

图 6-31　发现未识别构件

点击"规则库"，查看构件映射规则，可对映射关键字进行修改编辑，操作方式为：双击构件关键字列的任意关键字进行编辑操作，见图 6-32。

图 6-32　采用关键字进行编辑修改未识别构件

　　然后再次点击模型映射按钮，点击"未映射构件"项，检查未映射构件项，将未识别成算量模型的 Revit 模型，手动调整，调整完成后点击"确定"，完成模型映射，见图 6-33。

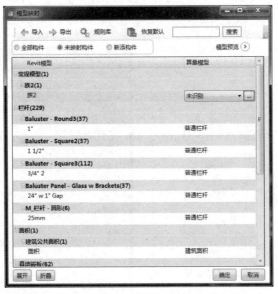

图 6-33　完成模型映射

6.7.3　工程量计算

1. 分析汇总按钮

点击左上方的"分析汇总"按钮，就开始进行工程量计算，见图 6-34。

Revit 平台
工程量计算

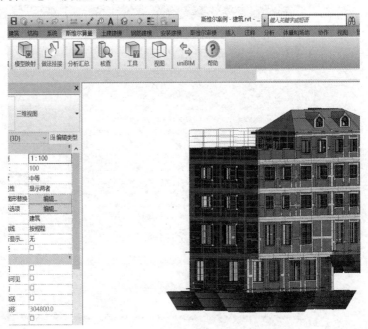

图 6-34　"分析汇总"就是工程量计算

2. 计算工程量

分析模型计算工程量，见图 6-35。

图 6-35 分析模型计算工程量

3. 软件计算汇总后的工程量计算表

软件自动汇总的工程量计算表见图 6-36。

双击汇总条目或在右键菜单中可以在总条目上挂接做法

序号	构件名称	输出名称	工程量名称	工程量计算式	工程量	计量单位
1	砌体墙	砌体墙	砌体墙体积	IIF(JGLX='幕墙' OR JGLX='虚墙'	26.25	m3
2	砌体墙	砌体墙	砌体墙体积	IIF(JGLX='幕墙' OR JGLX='虚墙'	34.61	m3
3	砼墙	砼墙	墙模板面积	SL+SR+SQ+SZ+SCZ	1.51	m2
4	砼墙	砼墙	墙体积	VM+VZ	0.39	m3
5	门	门	门框周长	U	10.16	m
6	门	门	门楹面积	SMT+SZ	5.94	m2
7	窗	窗	窗框周长	U	51.96	m
8	窗	窗	窗楹面积	SCT+SZ	28.08	m2
9	窗	窗	数量	NS	6	樘
10	柱	柱	柱模板面积	SC+SCZ	19.58	m2
11	柱	柱	柱模板面积	SC+SCZ	102.37	m2
12	柱	柱	柱体积	VM+VZ	18.01	m3
13	板	板	板模板面积	SD+SC+SDZ+SCZ	164.32	m2
14	板	板	板体积	VM+VZ	24.67	m3

序号	构件名称	楼层	工程量	构件编号	位置信息	所属文档	构件Id
楼层:标高 1 (2 个)			26.25				

图 6-36 软件自动汇总的工程量计算表

6.7.4 输出报表

用 Excel 导出的工程量计算表，见图 6-37。

	C	D	E	F	G
1	工程量名称	工程量计算式	工程量	计量单位	
2	砌体墙体积	IIF(JGLX='幕墙' OR JGLX='虚墙', 0, VM+VZ)	26.25	m³	
3	砌体墙体积	IIF(JGLX='幕墙' OR JGLX='虚墙', 0, VM+VZ)	34.61	m³	
4	墙模板面积	SL+SR+SQ+SZ+SCZ	1.51	m²	
5	墙体积	VM+VZ	0.39	m³	
6	门框周长	U	10.16	m	
7	门樘面积	SMT+SZ	5.94	m²	
8	窗框周长	U	51.96	m	
9	窗樘面积	SCT+SZ	28.08	m²	
10	数量	NS	6	樘	
11	柱模板面积	SC+SCZ	19.58	m²	
12	柱模板面积	SC+SCZ	102.37	m²	
13	柱体积	VM+VZ	18.01	m³	
14	板模板面积	SD+SC+SDZ+SCZ	164.32	m²	
15	板体积	VM+VZ	24.67	m³	
16	圈梁模板面积	SL+SR+SCZ	6.66	m²	
17	圈梁体积	VM+VZ	0.48	m³	
18	过梁模板面积	IIF(SGFF='现浇法', SDI+SL+SR+SCZ, 0)	8.94	m²	
19	过梁体积	VM+VZ	0.74	m³	
20	构造柱模板面积	SM+SCZ	40.59	m²	
21	构造柱体积	VM+VZ	5.28	m³	
22	垫层侧模板	SPD+SCZ	20.14	m²	
23	垫层体积	VPD+VZPD	20.53	m³	
24	抹砂浆面积	SBK+SCZ	111.06	m²	

实物量汇总

图 6-37　用 Excel 导出的工程量计算表

6.8　应用 BIM 模型计算工程量实例

6.8.1　BIM 平台计算工程量概述

1.《三维算量 for Revit》工程量计算软件简介

目前，国内有基于 Revit 平台的《三维算量 for Revit》工程量计算软件，这是一款结合国际先进的 BIM 理念设计的集清单工程量与定额工程量计算为一体的 3D 工程量计算软件。

该软件基于国际先进的 Revit 平台开发，利用 Revit 平台先进性，将 Revit 建筑信息模型与编制工程量清单和计算定额工程量的数据源（算量模型）相统一。能将工程量计算规范和各地区的计价定额工程量计算规则融入算量功能模块中，突破了 Revit 平台上无法利用建筑信息模型直接计算工程量、编制工程量清单的瓶颈，实现了 BIM 技术落地与 Revit 软件计算工程量本土化的愿望。

2.《三维算量 for Revit》软件特点

《三维算量 for Revit》软件突破了传统算量软件提取 CAD 图纸后按楼层、分构件、分类别转化和调整的瓶颈，轻松实现了全部楼层、全部构件的批量修改，一键实现 Revit 模型到算量模型转化，一键工程量计算与汇总。具有专业化、易用化、人性化、智能化、参数化、可视化于一体的特点，实现设计模型即为算量模型的特性，真正做到所见即所得的植于 Revit 平台的智能化软件。

（1）设计文件快速转换为算量文件

直接将设计文件转换为算量文件，无需二次建模，避免传统算量软件由于转化失败出现的构件转换丢失现象，和对模型准确性的质疑。

（2）一模多用

模型基础数据共享，实现快速、准确、灵活输出按清单、定额、构件实物量和进度输出工程量。对构件实例根据需求添加私有属性灵活输出。

（3）操作简便

算量系统功能高度集成，操作简便统一，具有流水般的工作流程，使用方便、简洁，流程清晰，能实现无师自通。

（4）系统智能

国内首创基于 Revit 平台直接转化模型算量，并针对 Revit 的特性及本土化算量和施工的需要，增加了用户想创建却不能灵活创建的构件。例如，过梁、构造柱等构件。

（5）计算准确

根据用户选定计算规则，分析相交构件的三维实体，实现清单规范工程量计算规则规定或者定额计算规则规定的计算方法，准确扣减和计算工程量。

（6）输出规范

工程量和计算式输出的报表设计灵活，提供各地常用报表格式，按需导出计价格式或 Excel 文件。

3.《三维算量 for Revit》软件工程量计算的主要流程

工程量计算流程图见图 6-38。

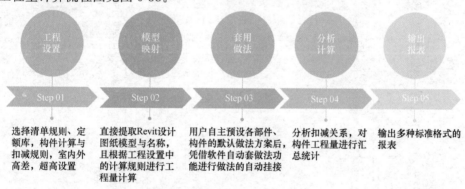

工程设置	模型映射	套用做法	分析计算	输出报表
Step 01	Step 02	Step 03	Step 04	Step 05
选择清单规则、定额库，构件计算与扣减规则，室内外高差，超高设置	直接提取Revit设计图纸模型与名称，且根据工程设置中的计算规则进行工程量计算	用户自主预设备各部件、构件的默认做法方案后，凭借软件自动套做法功能进行做法的自动挂接	分析扣减关系，对构件工程量进行汇总统计	输出多种标准格式的报表

图 6-38　工程量计算流程图

（1）设置工程：选择计算模式和依据，根据 Revit 标高自动读取并设置楼层信息；

（2）模型转换：调整转换规则，将 Revit 模型转换为工程量分析模型；

（3）套用做法：为构件手动挂接做法或执行自动套；

（4）分析计算：汇总计算工程量，查看工程量计算式。

6.8.2　案例：民主村办公楼 BIM 模型概述

办公楼工程是某地民主村村委会办公场所。

该工程是两层坡屋面框架结构建筑物，混凝土独立基础、混凝土框架柱，混凝土楼面梁和屋面梁、现浇混凝土屋面，室内外地坪高差 −0.30m，层高 3.60m 和 3.30m，有 6.60m、3.60m、2.10m、2.40m、2.25m 五种开间尺寸，有 8.20m 和 3.60m 多个进深尺寸，双扇平开大门，单扇平开室内门，推拉窗。

办公楼平面图见图 6-39、立面图见图 6-40。

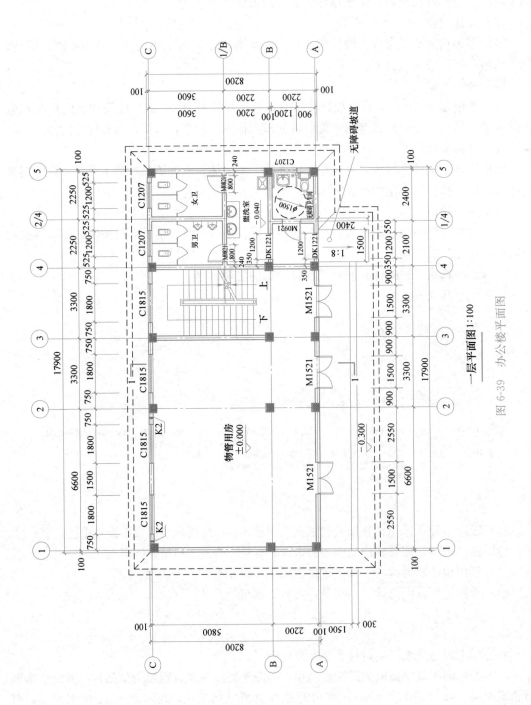

一层平面图 1:100

图 6-39 办公楼平面图

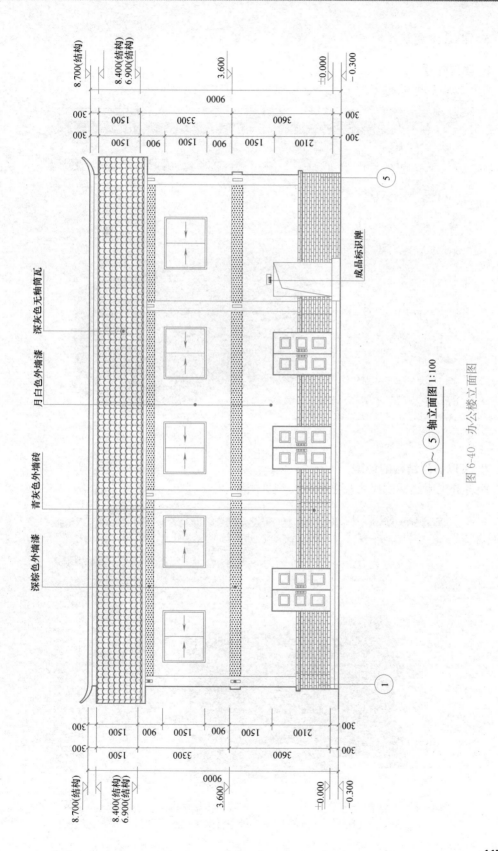

①～⑤ 轴立面图 1:100

图 6-40　办公楼立面图

6.8.3 办公楼建筑模型

1. 模型外观

模型外观见图 6-41。

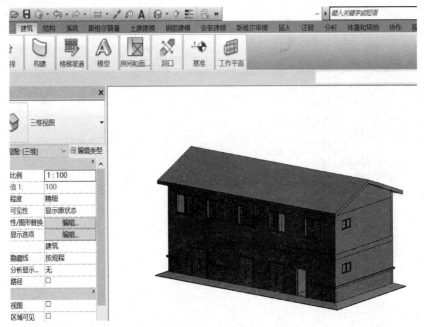

图 6-41 民主村办公楼模型外观

2. 可以看到结构的模型

能看到工程结构的民主村办公楼模型见图 6-42。

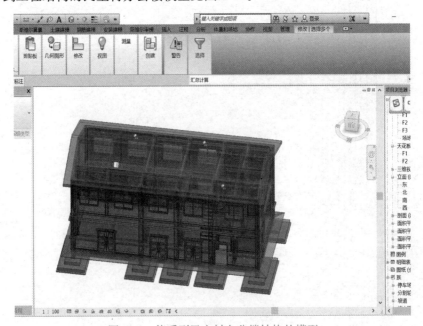

图 6-42 能看到民主村办公楼结构的模型

3. 民主村办公楼结构模型

民主村办公楼结构模型见图 6-43。

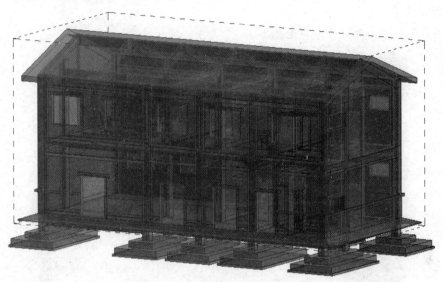

图 6-43 民主村办公楼结构模型

6.8.4 办公楼工程设置

1. 计量模式设置

该工程设置为清单模式,见图 6-44。

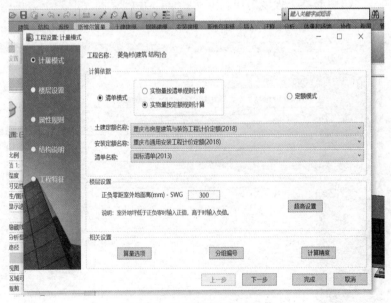

图 6-44 计价模式定额选择等

2. 选用定额

选用了重庆 2018 定额,见图 6-44。

3. 室内外高差

设置了 300mm，见图 6-44。

4. 楼层设置

本工程为 2 层，标高等信息见图 6-45。

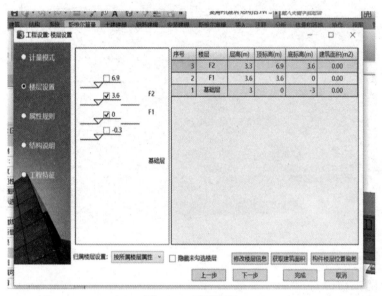

图 6-45　楼层设置

5. 混凝土强度

该工程的全部结构混凝土强度等级为 C30，全部为 C30 商品混凝土，见图 6-46。

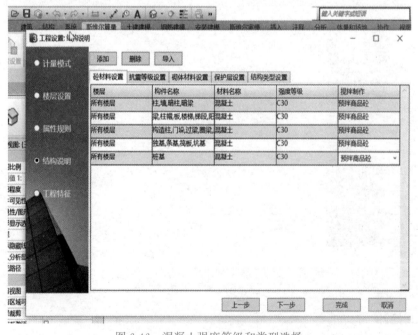

图 6-46　混凝土强度等级和类型选择

6. 结构特征

本工程为框架结构 2 层，地砖楼地面（图 6-47）。

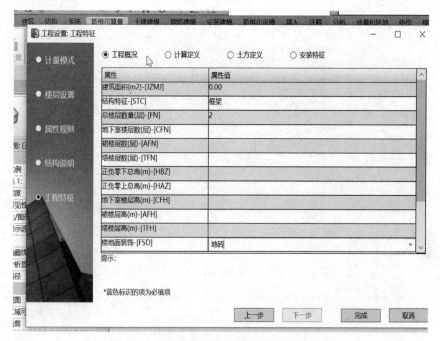

图 6-47 结构类型建筑层数与地面做法设置

6.8.5 模型映射

1. 映射整个模型

点击左上角"模型映射"按钮，计算机快速完成办公楼模型的全部数据信息映射到了工程量计算模型上。本办公楼工程只用了 5 分钟时间完成模型映射内容。

窗、墙和洞口完成映射的显示见图 6-48。其中办公椅和艺术花瓶不需要计算工程量，所以表中"未识别"对办公楼工程量计算无影响。

2. 矩形梁、框架梁映射结果

矩形梁、框架梁映射结果见图 6-49。

3. 大厅面砖等装饰工程映射结果

大厅面砖等装饰工程映射结果见图 6-50。

4. 未识别项目

花瓶、家具等项目与工程量计算无关，不需要识别，见图 6-51。

6.8.6 工程量分析（计算）汇总

1. 勾选要分析计算的项目进行分析计算

本工程勾选了全部项目要计算工程量，并且输出定额工程量，见图 6-52。

说明：点击"分析汇总"操作按钮后，选中全部楼层和构件。按"确定"按钮即可完成整个工程的工程量计算分析与汇总。

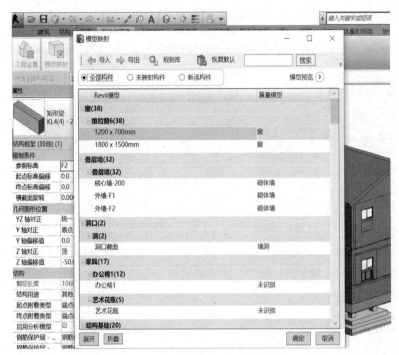

图 6-48　办公楼工程模型映射结果

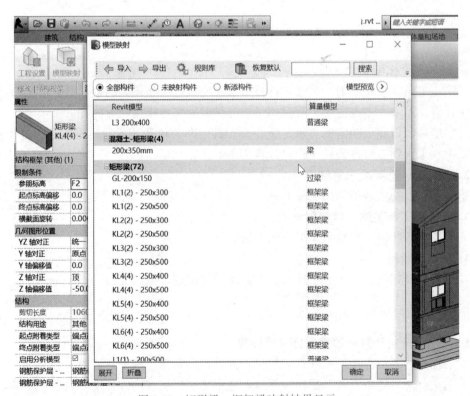

图 6-49　矩形梁、框架梁映射结果显示

BIM建筑工程量计算

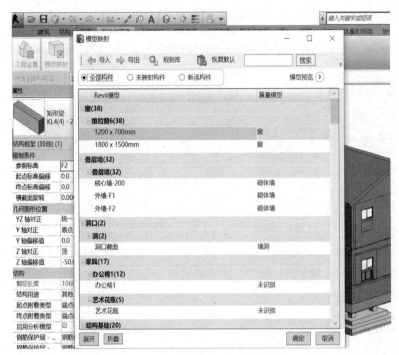

图 6-48　办公楼工程模型映射结果

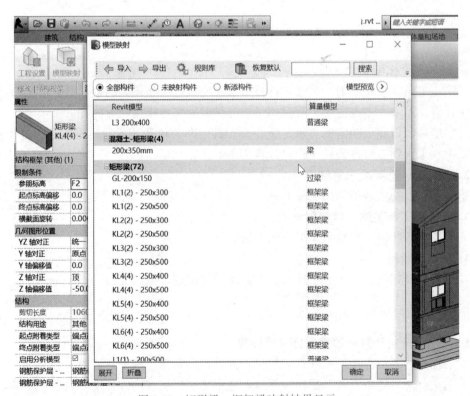

图 6-49　矩形梁、框架梁映射结果显示

122

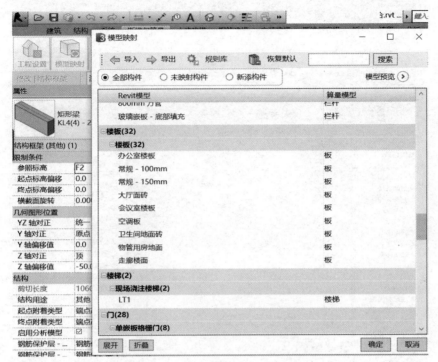

图 6-50 大厅面砖等装饰工程映射结果

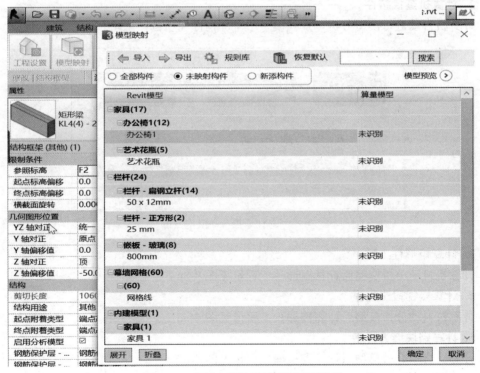

图 6-51 花瓶、家具等项目不需要识别

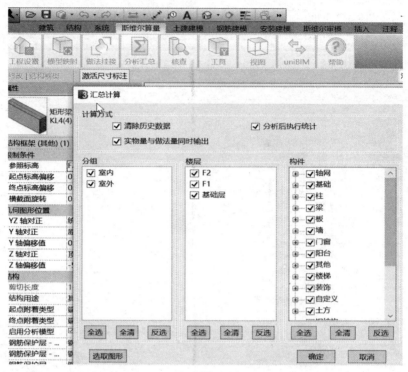

图 6-52　勾选项目计算工程量

2. 计算机查找构件

计算机自动进行模型分析，查找模型中全部构件和项目，见图 6-53。

图 6-53　计算机自动模型分析

3. 计算矩形柱工程量

计算机自动分析模型后计算矩形柱工程量见图 6-54。

4. 计算楼梯段工程量

计算机自动分析模型后计算楼梯段工程量见图 6-55。

5. 计算砌块墙工程量

计算机自动分析模型后计算砌块墙工程量见图 6-56。

6. 计算装饰工程量

计算机自动分析模型后计算装饰腰线工程量见图 6-57。

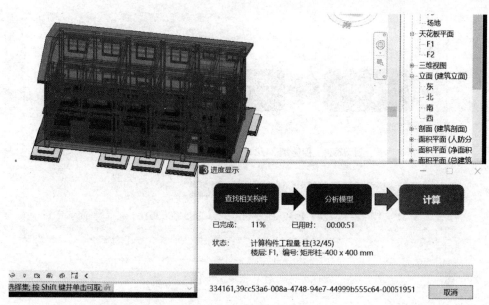

图 6-54   计算矩形柱工程量

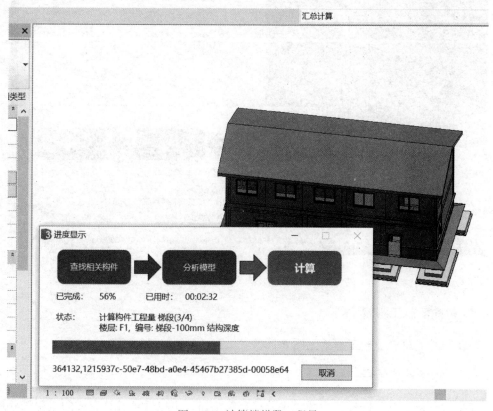

图 6-55   计算楼梯段工程量

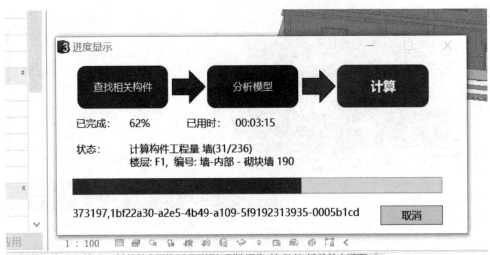

图 6-56　计算砌块墙工程量见

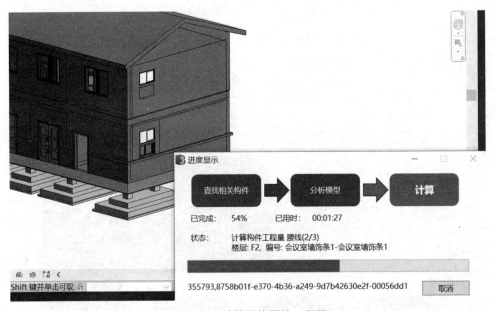

图 6-57　计算装饰腰线工程量

6.8.7　归并汇总工程量

正在归并汇总办公楼工程量见图 6-58。

6.8.8　工程量计算结果

点击"分析汇总"操作框中的"查看报表"按钮，可以看到计算完成的工程量分析统计表。下面是结构工程量的一部分，见图 6-59。

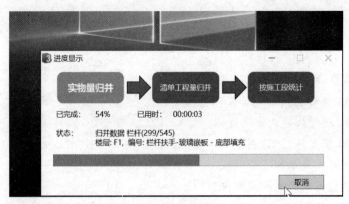

图 6-58 汇总办公楼工程量

序号	构件名称	输出名称	工程量名称	工程量计算式	工程量	计量单位
34	散水	散水	散水外边线长	LW+LWZ	58.82	m
35	柱	柱	柱模板面积	VM+VZ	0.42	m3
36	柱	柱	柱体积	VM+VZ	0.42	m3
37	梁	梁	单梁抹灰面积	IIF(PBH=0 AND BQ≠0	5.01	m2
38	梁	梁	梁模板体积	VM+VZ+VJD	0.417	m3
39	梁	梁	梁模板体积	VM+VZ+VJD	21.427	m3
40	梁	梁	梁模板体积	VM+VZ+VJD	5.223	m3
41	梁	梁	梁模板体积	VM+VZ+VJD	1.705	m3
42	梁	梁	梁模板体积	VM+VZ+VJD	4.482	m3
43	梁	梁	梁体积	VM+VZ	5.64	m3

序号	构件名称	楼层	工程量	构件编号	位置信息	所属文档	构件id
	楼层:F2 (38 个)		122.92				
	构件编号:墙-顶盖		10.95				
	构件编号:墙-内部		36.57				
	构件编号:墙-内墙		5.2				
	构件编号:墙-内墙		7.26				

图 6-59 结构构件工程量计算结果

踢脚线装饰工程量部分见图 6-60。

序号	构件名称	输出名称	工程量名称	工程量计算式	工程量	计量单位
56	墙洞	墙洞	洞面积	SM	14.1	m2
57	墙洞	墙洞	洞面积	SM	6.12	m2
58	墙洞	墙洞	洞口面积	SM	17.07	m2
59	过梁	过梁	过梁模板体积	VM+VZ	1.758	m3
60	过梁	过梁	过梁体积	VM+VZ	1.758	m3
61	构造柱	构造柱	构造柱模板体积	VM+VZ	0.985	m3
62	构造柱	构造柱	构造柱体积	VM+VZ	0.985	m3
63	梯段	梯段	梯段水平面积	S1+S1Z	9.02	m2
64	楼梯	楼梯	梯池间踢脚线面积	TJMJ+TJMJZ	2.54	m2
65	楼梯	楼梯	楼梯间踢脚线长	LTJ+LTJZ	15.24	m

序号	构件名称	楼层	工程量	构件编号	位置信息	所属文档	构件id
	楼层:F1 (2 个)		2.54				

图 6-60 踢脚线等装饰工程量计算结果

复习思考题

1. 你所了解的建模软件有哪些？
2. 组成 BIM 模型的基本元素是什么？
3. 叙述 BIM 模型族的内容构成。
4. 阐述 BIM 模型与 CAD 图纸的不同点。
5. 模型精细程度是如何分级的？
6. 简述建筑信息模型精细度划分。
7. 什么是"翻模"？
8. 叙述应用建筑信息模型计算工程量的主要条件。
9. 理想的工程量计算软件应具备哪些特点？
10. 《三维算量 for Revit》软件的工程设置有哪些内容？
11. 什么是模型映射？
12. 《三维算量 for Revit》软件有哪些特点？
13. 叙述《三维算量 for Revit》软件工程量计算的主要流程。
14. 叙述本章案例民主村办公楼 BIM 模型内容。
15. 叙述在民主村办公楼结构模型中看到了哪些构件？
16. 叙述民主村办公楼工程量计算前的工程设置的内容。
17. 为什么办公楼中的花瓶和家具不需要计算工程量？
18. 你在模型映射后看到了办公楼里的哪些构件？
19. 叙述办公楼工程量分析（计算）汇总过程中经历了哪些过程？
20. 为什么在 Revit 平台计算工程量时手工输入的数据比在 CAD 平台上计算工程量时要少很多？

参 考 文 献

［1］ 袁建新. 袖珍建筑工程造价计算手册（第三版）［M］. 北京：中国建筑工业出版社，2015.

［2］ 周志 等. BIM 原理总论 ［M］. 北京：中国建筑工业出版社，2017.

［3］ 潘俊武 等. BIM 计算导论 ［M］. 北京：中国建筑工业出版社，2018.